1 MONTH OF
FREE
READING

at

www.ForgottenBooks.com

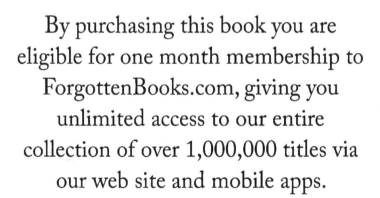

By purchasing this book you are eligible for one month membership to ForgottenBooks.com, giving you unlimited access to our entire collection of over 1,000,000 titles via our web site and mobile apps.

To claim your free month visit:

www.forgottenbooks.com/free466669

ISBN 978-0-656-65207-5
PIBN 10466669

This book is a reproduction of an important historical work. Forgotten Books uses state-of-the-art technology to digitally reconstruct the work, preserving the original format whilst repairing imperfections present in the aged copy. In rare cases, an imperfection in the original, such as a blemish or missing page, may be replicated in our edition. We do, however, repair the vast majority of imperfections successfully; any imperfections that remain are intentionally left to preserve the state of such historical works.

Literaturberichte

zur

FLORA

oder

allgemeinen botanischen Zeitung.

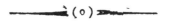

Herausgegeben

von

der königl. bayer. botanischen Gesellschaft
zu Regensburg.

Zweiten Bandes erstes Heft.

Nro. 1 — 10.

Regensburg, 1832.

Inhaltsverzeichniss.

I. Literarische Berichte.

II. Bibliographische Neuigkeiten.

III. Namen der Schriftsteller, von denen Werke oder Abhandlungen angezeigt sind.

IV. Namen der Buchhandlungen, aus deren Verlage Bücher angezeigt sind.

Karl Cnobloch in Leipzig, 65. 'Dieterich in Göttingen, 1. Karl Groos in Heidelberg und Leipzig, 95. Literarisch-artistische Anstalt zu München, 63. A. Marcus in Bonn, 129. Pustet in Passau, 25. Jakob Sturm in Nürnberg, 42. Treuttel und Würtz-in Paris, Strasburg und London, 49. Leopold Voss in Leipzig, 17. 113.

V. Verzeichniss der Pflanzen, über welche Bemerkungen vorkommen.

Acacia vera, 135. Achilleae, 153. Achillea atrata et Millefolium, 21. Aecidium Aristolochiae, 159. Asperulae, 158; Fediae olitoriae, 159; Galii, 159; Levcoji, 158. Alnus denticulata, 115. Amygdalus campestris, 146. Andrachne rotundifolia, 119. Angelica, 6. Anthriscus alpestris, 7. Anthyllis Vulneraria, 149. Aristolochia, 9. Aristolochia-longa, 154. Armeria curvifolia, 78. Aster hirsutus et salignus, 153. Asterophyllites foliosa, 119; galioides 120; grandis et longifolia, 111; tuberculata, 109. Astragali, 150. Athamanta cretensis, 5; Matthioli, 5.

Bartsia rubricoma, 20. Bechera grandis, 111. Bunium Bulbocastanum, 2. Bupleurum gracile, 117; ranunculoides, 5; subpinnatum, 117. Buxus, 10.

Cacalia lobata, 79. Cachrys amplifolia, 117; germanica, 7. Calamitea, 142 — 143. Calamites Mougeotii Brongn., 112. Calamites nodosus, 119. Calandrinia procumbens, 79. Calycandra, 53. Carduus mollis, 151. Carex parallela, 67. Carices, 68. 69. 155. Centaureae, 153. Ceratophyllum, 9. Chaerophyllum alpinum, 7. Chaetocypha, 48. Chaeto-

bridum, 133. Rubus pistillatus et stellatus, 21; rosaeflorus, 147.

Druckfehler:
Literaturberichte Nro. 8. p. 124. Z. 9. v. o. statt
Sand lies: Kalk.

Treviranus.

1.) Gottingae, sumtibus Dieterichianis. 1831: *Symbolarum phytologicarum, quibus res herbaria illustratur, fasciculus I.* Scripsit Ludolphus Christianus Treviranus, Med. et Ph. D. Cum tab. aen. III. VIII. et 92 pag. in 4.

In unsrer schreibseligen Zeit, die sich in ewigen Wiederholungen des längst Bekannten so·unerschöpflich zeigt, muss es jedem wahren Naturforscher ein besonderes Vergnügen gewähren, die neuen Früchte der selbstständigen Thätigkeit eines Mannes zu erblicken, dessen Werke durchaus das Gepräge einer ruhigen und nüchteren Beobachtungsgabe, die sich weder durch Autoritäten noch durch vorgefasste Meinungen von der Bahn der Wahrheit abschrecken lässt, tragen. Auch die vorliegende Schrift enthält in einem kleinen Raume sehr interessante Beiträge zur Erweiterung unsrer botanischen Kenntnisse, und nimmt daher die Aufmerksamkeit, so wie den Dank der Botaniker in besondern Anspruch. Die darin niedergelegten Beobachtungen sind in drei Hauptabschnitte vertheilt, von denen jeder wieder in mehrere Paragraphen zerfällt. Der erste führt

die Aufschrift: „In structuram, nec non genera
ac species Umbelliferarum animadversiones." Wir
theilen aus demselben einige der wichtigsten Bemerkungen mit.

Der Verf. erinnert zuerst an die schon vor 9
Jahren von ihm erwähnte Beobachtung, dass, gegen
die allgemeine Regel, nach welcher sämmtliche bisher untersuchte Umbelliferen mit 2 linienförmigen
Cotyledonen keimen, *Bunium Bulbocastanum L.*
sowohl vor als während dem Keimen nur einen einzigen Samenlappen zeigt. Unsers Erachtens dürfte
diese Thatsache hinreichen, der genannten Pflanze
eine eigne Gattung anzuweisen. Bei den strauchar-
tigen Gewächsen dieser Familie fliessen die Faser-
bündel des Stammes, nach Art der übrigen Dicotyledonen, schnell in einem Holzring zusammen, während bei den einjährigen, krautartigen Species diese
Bündel in der ganzen Zellmasse regellos zerstreut
liegen. Dadurch erklärt sich die bedeutende Masse
des vorhandenen Markes und die so häufig im Innern
des Stengels vorkommende Höhlung. Die Blätter
sind immer, selbst bei *Bupleurum*, nur auf der Un-
terfläche mit Spaltöffnungen versehen. In der Blüthe
fällt eine doppelte Ungleichheit auf: die erste ist die
öfters vorkommende Verschiedenheit in der Grösse
und Form der Blumenblätter einer und derselben
Blüthe, wodurch z. B. Strahlenblumen entstehen,
was aber niemals bei gelben Blüthen Statt findet;
die andere ist die Fünfzähligkeit der Blumenblätter
und Staubgefässe gegen die Zweizähligkeit der Griffel
und Samen. In letzterer Beziehung kann angenom-

men werden, dass der doppelte Kreis, der von den Blumenblättern und den mit ihnen abwechselnden Staubgefässen gebildet wird, durch die Doppelzahl des Fruchtknotens in zwei gleiche Hälften getheilt werde, von denen die eine aus zwei Staubgefässen und drei Blumenblättern, die andere aber aus drei Staubgefässen und zwei Blumenblättern besteht, so dass also im Ganzen doch eine gleichheitliche Theilung Statt findet. Die Knospenlage der Blume ist bei den meisten Arten klappig, die Blumenblätter berühren sich mit den beiderseits zurückgeschlagenen Rändern, ihre Spitze ist einwärts gebogen oder gerollt, so dass die Blüthenknospe in der Mitte gemeiniglich eine Oeffnung zeigt, durch welche die Griffel hervorragen. Nur bei *Trachymene caerulea* zeigt sich eine dachziegelförmige Knospenlage, die R. Brown irrig der ganzen Ordnung als Typus beilegte. Der von Hoffmann und Koch mit dem Namen stylopodium oder Stempelpolster bezeichnete Theil ist keineswegs die verdickte Basis der Griffel, indem derselbe nur an der innern Seite mit der Basis der Griffel in Berührung steht, sondern ein drüsiges Nectarium, welches während der Blüthezeit auf seiner ganzen Oberfläche Honigsaft absondert. Das Stigma ist durchaus ohne Warzen. Die Frucht der Umbelliferen besteht, gegen Koch, nicht aus 4, sondern nur aus 3 Embryonalhüllen; nämlich der äussern, die oben in den Kelch übergeht, der mittleren, die der Samenhaut entspricht, und der innern, welche als Eiweiss erscheint. Die bei der Reife sich trennenden Hälften bezeichnet der Verf.

mit Linné, Jussieu, Gärtner u. a. als Samen,
und weist durch Beobachtungen nach, dass die Oel-
striemen derselben nur in der äussern Hülle, welche zugleich die Stelle des Kelches, der Frucht- und
der äussern Samenhülle vertritt, ihren Sitz haben.
Bei der Vertheilung der Doldengewächse in Gattungen und Zünfte glaubt der Verf., dass die allgemeine
Hülle (involucrum) bei generischen Characteren
nicht ganz ausgeschlossen, und so viel als möglich
die Tournefort'schen und Linné'schen Gattungen beibehalten werden sollten. Hinsichtlich der
Zusammenstellung in Zünfte giebt der Verf. den
Smith'schen, welche sich auf das Verhältniss des
Querdurchmessers zur Breite der Verbindungsfläche
der Frucht gründet, den Vorzug.

Nach diesen allgemeinen Bemerkungen folgen
nunmehr Angaben über einzelne Gattungen und Arten der Umbelliferen, von denen wir jedoch hier
zunächst nur diejenigen ausheben, die für die deutsche Flora besonderes Interesse haben.

Die Frucht der *Dondia,* welche Sprengel
im unreifen Zustande vor sich gehabt zu haben
scheint, ist von der Seite zusammengedrückt, besonders an der Berührungsfläche sehr zusammengezogen,
so dass jeder Same einzeln betrachtet auf der gegen
die Commissur gerichteten Seite keilförmig und geradlinig, auf dem Rücken aber äusserst convex erscheint, und vom Grunde bis zur Spitze einen Halb-
zirkel beschreibt. Auf dieser Rückenfläche verlau-
fen drei schwach erhabene Linien, zwischen denen
sich flache, kahle Thälchen befinden. Die blühenden

Schafte kommen vor den Blättern zum Vorschein.—
Trinia Hoffmanni MB. und Tr. Henningii Ej.
scheinen blosse Varietäten einer und derselben Pflanze
zu seyn, indem die von dem Verf. am Lagerwäld-
chen bei Wien gesammelte T. Hoffmanni vollkommen kahle Fruchtknoten besitzt, und die von Besser eingesandte Tr. Henningii geschärfte Samen-
riefen zeigt. — Bupleurum ranunculoides Linné
ist bestimmt nichts anders als eine niedrige Varietät
von B. angulosum; dagegen ist die in Sibirien
vorkommende, von Gmelin, Wulfen, Sprengel, Ledebour u. a. mit dem Namen B. ranunculoides bezeichnete Pflanze eine eigne, sehr verschiedene Art, die der Verf. als B. nervosum characterisirt. — Die Frucht von Oenanthe peuceda-
nifolia L. ist an beiden Enden abgerundet, in der
Mitte bauchig, die von O. pimpinelloides dagegen
an beiden Enden gestützt, in der Mitte geradlinig.
Ob O. Lachenalii Gmel. von ersterer hinlänglich
verschieden sey, unterliegt um so mehr dem Zweifel, da der von der Wurzel entlehnte Unterschied
in dieser Gattung, wie das Beispiel von O. fistulosa
zeigt, nicht viel Werth zu besitzen scheint. — Se-
seli venosum H. besitzt eine kriechende, oder vielmehr Ausläufer treibende Wurzel. — Bei Athamanta Matthioli Wulf. ist die Wurzel ausdauernd
und treibt mehrere, vom Grunde an aufrechte Stengel; bei A. cretensis L. dagegen ist die Wurzel
zweijährig, und bringt selten mehr als einen an seinem unterm Theil gestreckten Stengel. — Cnidium
Cuss. unterscheidet sich kaum hinreichend von Li-

gusticum, eben so wenig bietet *Silaus Bess.* scharf-
begründete Charactere dar. — Um die so natürliche
Linnéische Gattung *Angelica* in ihrer Integrität
erhalten zu können, möchte nach S m i t h besonders
die zu einer dünnen, wellenförmigen Scheibe erwei-
terte Honigdrüse zu berücksichtigen seyn, dadurch
schliessen sich *Archangelica H.* und *Ostericum Bess.*
wieder an *Angelica* an. — Die Gattung *Selinum,*
welche bei Ko ch auf eine einzige Art, S. *Carvifolia,*
beschränkt ist, erhält einen sehr schätzenswerthen Zuwachs an dem *Selinum Gmelini Bray,* welches in
den Denkschr. der bot. Gesellsch. 1817. pag. 30 zuerst
aufgeführt wurde. Weitere Beobachtungen belehrten
den Verf., dass die *Imperatoria Silesiaca Myr-*
rhidis aut Chaerophylli folio glabra Mich. in
Till. h. Pisan. 89. t. 29. f. 2., welche M i c h e l i an
mehreren Stellen Schlesiens sammelte, ferner das
Conioselinum tataricum Fisch. vom Ural und das
Conioselinum Fischeri Wimm. et Grabowsk., als
Synonyme obiger Pflanze betrachtet werden müssen.
Dieser neue Beitrag zur Flora Deutschlands wird
die vaterländischen Botaniker um so mehr erfreuen,
da sie denselben mit einem Namen bezeichnen können, den ihm einer der würdigsten Beförderer der
Pflanzenkunde beilegte. — Zu *Peucedanum Car-*
vifolia Vill. (Selinum Chabraei L.) gehören *Pasti-*
naca glauca Scop. und *Imperatoria glauca*
Bärtling. als Synonyme. — *Ferula tingitana Scop.*
ist *F. communis L.* — *Laserpitium Archange-*
lica Wulf., die der Verf. auch bei Hallstadt in
Oberösterreich sammelte, nähert sich in der Gestalt

der Frucht sehr der Gattung *Thapsia*, indem die
auf dem Rücken des Samens befindlichen Flügel niemals über die halbe Breite der seitenständigen haben,
dieselbe nicht einmal erreichen, ja bisweilen ganz
fehlen. — *Chaerophyllum alpinum Vill.* ist nach
einem authentischen Exemplare in Thouin's Herbarium dieselbe Pflanze, welche in Wimmer's
und Grabowsky's Flora Silesiaca unter dem neuen
Namen *Anthriscus alpestris* aufgeführt wird. Sie
unterscheidet sich von *Ch. sylvestre* kaum anders
als durch den schwarzrothen, ganz kahlen Stengel,
gesägte, herablaufende (nicht fiederspaltige, am Grunde gestutzte) Blätter, und zottige, länger begrannte
Hüllblättchen. — *Cachrys Germanica maxima An-*
gelicae folio, semine parvo sulcato laevi D. Mich.
in Till. Hort. Pis. 28. t. 18, ist eine von den neueren Schriftstellern ganz vernachlässigte Pflanze, die
in Preussen und Schlesien vorkommen soll; und in
der Gestalt der Blätter der *Imperatoria Ostru-*
thium, in der der Früchte aber der Gattung *Ca-*
chrys nahe kommt.

 — Die zweite Abhandlung theilt Beobachtungen
über die Entwicklung des Pflanzeneyes nach der
Befruchtung bei einigen Gewächsen mit. Nachdem
der Verf., seine in früheren Schriften entwickelte
Ansicht über die Zahl und Benennung der Eyhäute
kurz berührt hat, liefert er eine gedrängte Zusammenstellung der neuerdings von Mirbel mitgetheilten Beobachtungen und Ansichten über diesen Gegenstand, und äussert sich hinsichtlich derselben dahin, dass es zweckmässiger erscheinen möchte, die

Geschichte des Pflanzeneyes vor dem Befruchtungs-
acte von der nach geschehener Befruchtung zu trennen, und Theile, die nur in einem früheren Zustände sichtbar waren, in einem späteren nicht mehr
aufzuzählen. Dem Verf. ist es nie geglückt, im be-
fruchteten Eye bei vorschreitendem Wachsthum vor-
handene Häute verschwinden, oder neue entstehen
zu sehen, auch scheint ihm Mirbels Tercine und
Quartine ein und dieselbe Membran, nur im verschiedenen Grade der Entwicklung zu seyn. Er be-
harrt daher auf seiner früheren Betrachtungsweise,
nach welcher das befruchtete Pflanzeney aus 4 Embryonalhüllen besteht, nämlich 1) der inhern Haut,
welche mit den ernährenden Gefässen durchzogen
ist, 2) der ausserhalb derselben befindlichen äussern
Haut; 3) dem innerhalb eingeschlossnen Perisperm,
welches doppelt, nämlich ein äusseres und 4) ein
inneres ist. Diesen allgemeinen Bemerkungen folgen
nunmehr die Entwicklungsgeschichten des Eyes bei
verschiedenen Pflanzen, auf die wir jedoch hier
nicht eingehen können, um die Gränzen dieser
Anzeige nicht zu überschreiten, und da hiebei die Vergleichung der beigegebenen Kupfer unumgänglich
nothwendig erscheint. Wir begnügen uns daher, die
Namen der Familien und Gattungen anzuführen, über
welche Beobachtungen vorkommen. Es sind: *Scitamineae*, *Hedychium*, *Nymphaea*, *Trapa*, *Anchusa* und *Ricinus.*

Den Beschluss macht III. eine Sammlung carpo-
logischer Beobachtungen, die gleichfalls sehr vieles
Interessantes darbietet und von der wir Einiges ent-

nehmen wollen. — Ueber die Stellung der *Aristo-lochia* im natürlichen System herrschten bis jetzt verschiedene Ansichten, da die einen sie unter die Monocotyledonen, andere aber zu den Dicotyledonen versetzt wissen wollten: — Letztere Annahme fand der Verf. bei der Untersuchung des Embryo, als die richtige, indem schon innerhalb den Samenhüllen zwei deutlich getrennte eyförmige Cotyledonen vorhanden sind. — *Myriophyllum* ist sowohl im Habitus als in der Bildung der Frucht mit *Ceratophyllum* und *Potamogeton* nahe verwandt. Jener Theil, den Gärtner bei *Ceratophyllum* einen zweilappigen cotyledonförmigen Dotter nennt, ist nichts anders als zwei wirkliche Cotyledonen, und dieser Embryo unterscheidet sich daher nur durch das schon vor dem Keimen entwickelte Federchen, und dabei noch verborgne Würzelchen von der Samenpflanze des *Myriophyllum*, wo das Gegentheil Statt findet. Auf der andern Seite nähert sich *Myriophyllum* dem *Potamogeton* im Baue des Stengels, in der Aehre, den 4zähligen Blumenblättern und Fruchtknoten, den perispermlosen Nüssen u. s. w. Dagegen ist *Potamogeton* entschieden monocotyledonisch, und liefert somit einen Beweis, wie wenig der Embryo durchgreifende Charactere zu bieten vermag. — Die reife Kapsel von *Hottonia* ist immer 5klappig, wenn sich gleich häufig einige Klappen nur unvollkommen oder gar nicht lostrennen. Der Embryo ist dicotyledonisch. — Die Kapsel von *Lysimachia*, welche bald 5- bald 10klappig angegeben wird, zeigt normal niemals mehr als 5 Klap-

pen,, und; lässt sich überhaupt so characterisiren:
Capsula globosa unilocularis quinquevalvis, semini-
bus angulatis, receptaculo centrali globoso favoso se-
miimmersis. — *Cyclamen* besitzt nur einen einzigen
Samenlappen, obgleich, alle übrigen Charactere diese
Gattung unter die dicotyledonischen Gewächse reihen. — Die Kapsel von *Cuscuta* ist subbilocularis,
basi circumscissa. Dabei besitzt *C. europaea* in jedem
Fache 2, *C. monogyna* aber nur einen Samen. —
Loranthus besitzt, wie schon Gärtner angibt,
nur einen einzigen, ungetheilten Samenlappen. —
Die Kapsel von *Buxus* ist einfächerig, dreiklappig,
die Klappen mit drei Grannen besetzt, von denen 2
aufrecht - abstehen, der dritte aber einwärts gebogen erscheint. In der Höhlung der Kapsel liegen
drei pergamentartige, jedoch harte, einfächerige,
zweiklappige und zweisamige Körner, welche Jussieu und Richard endocarpia nennen. Diese spal-
ten sich der Länge nach in 2, nur am Grunde noch
zusammenhängende Theile, wodurch ihr Zusammenhang mit der Kapsel unterbrochen wird. — Die
Kapsel von *Drypis* ist weit richtiger non dehiscens,
als circumscissa zu nennen.

Wir schliessen diese Anzeige mit dem Wunsche,
dass der Herr Verf., die Wissenschaft noch oft mit
ähnlichen Beiträgen bereichern, und diesem ersten
Fascikel seiner Beobachtungen bald den zweiten
nachfolgen lassen möge!   **rrr.**

2.) Amstelodami 1829: *Dissertatio botanico-
medica inauguralis* (in Academia Groningana) *de*

radicum plantarum physiologia, earumque vir-
tutibus medicis, plantarum physiologia - illu-
strandis. Auctore Gerardo Backer. 8. 108 S.

An den holländischen Universitäten herrscht der
löbliche Gebrauch, den wir auch auf einigen bessern deutschen Universitäten noch beibehalten finden,
Preisaufgaben für die Studirenden zu stellen, um
dieselben stets in höherer wissenschaftlicher Thätigkeit zu erhalten. So stellte im Jahr 1826 die mathe-
matisch - physicalische Classe der Universität zu Grö-
ningen die Frage: „Quid hactenus ex plantarum
physiologia de forma, directione, structura, atque
functione radicum innotuerit, et quaenam sint phoe-
nomena, in oeconomia rurali observata, quae ex
hac cognitione utiliter possint explicari?"

Hrn. Dr. Backer's Beantwortung dieser Frage
erhielt den zweiten Preis, und erscheint hier um-
gearbeitet mit Hinweglassung des Oeconomischen,
als eine dissertatio medica inauguralis, welche in
zwei Theile zerfällt, in einen physiologischen und
in einen medicinischen. In dem ersteren handelt
der Hr. Verf. im 1. Kap. S. 1 — 8 von der Wurzel
überhaupt, und stellt den Begriff, die Charaktere,
die Eintheilung und den Zweck der Wurzel auf.
Das Bekannte ist hier fleissig gesammelt und mit den
neuesten Entdeckungen bereichert. Im 2. Kap. S.
9 — 12 wird die Form überhaupt, die Verschiedenheit und das Spiel derselben unter dem Einflusse verschiedener äusserer Ursachen betrachtet, ohne dass
der Hr. Verf. sich jedoch in das Gebiet der Terminologie eingelassen hat. Im 3. Kap. S. 13 — 20 be-

schäftigt sich der Hr. Verf. mit Untersuchung der
verschiedenen Richtungen der Wurzel, der äusseren
und inneren Ursachen, die auf dieselbe Einfluss haben, und der Erscheinungen, welche hierbei Statt
finden. Dieses Kapitel ist sehr wichtig für Pflanzen-
Physiologie und Gartenbau. Der Hr. Verf. erwähnt
eines von Hrn. Vrolik beschriebenen Falles, wo
die Wurzel einer *Robinia Pseudo-Acacia* sich
einen Weg durch eine Mauer 60 Fuss weit zu bah-
nen wüste, um in einen Brunnen zu gelangen. Mit
Recht weiset der Hr. Verf. in Hinsicht der letzten
Ursachen der Richtungen der Wurzel auf die bisher
noch so wenig bekannten Gesetze der Lebenskraft
der Gewächse.

Das 4. Kap. S. 21 — 33 handelt vom Bau der
Wurzeln, von den Zellen, den Zwischenzellen,
Gängen und eigenen Behältern, den Spiralgefässen
und ihren Arten und von den Functionen der einfachen Organe. Den alten bekannten von Medi-
cus erregten Streit, ob die Wurzeln ein Mark haben, entscheidet er, (ohne jedoch des alten Me-
dicus zu erwähnen) dahin, dass in jüngern Wurzeln allerdings ein Mark, (eine medulla centralis)
vorkömmt, im Alter aber durch den Druck so sehr
vermindert wird, dass es beinahe gänzlich verschwin-
det. — 5. Kap. S. 34 — 42 Entwicklung der Wurzel beim ersten Keimen; spätere Entwicklung der
Wurzelkeime und Knospen (lenticellae); Wachsthum der Wurzel, Wirksamkeit äusserer Reitze.
Immer findet man an der Wand des Topfes längere
und stärkere Würzelchen, als in der Mitte: daher

pflegen auch die Gärtner in Holland beim Versetzen
der Bäume die Grube, die sie zur Aufnahme der
Wurzeln des Baumes gegraben, und eine längere
Zeit über der Einwirkung der Luft ausgesetzt haben,
mit Steinchen an ihrer Wand auszulegen, um die
Bildung neuer Würzelchen dadurch zu beschleuni-
gen. Mit Anwendung chemischer Reitze muss man,
wie der Hr. Verf. richtig bemerkt, äusserst behutsam
verfahren, indem die Erregbarkeit bei verschiedenen
Pflanzen sehr verschieden ist. Dieselbe Dosis Kalk-
Chlorür, die einigen Gewächsen gut bekam, hat bei
anderen wenig genützt, bei noch anderen sogar ge-
schadet. Daher auch die verschiedene Würkung
desselben Düngers auf verschiedene Pflanzen: so werden die Bäume, die Steinobst tragen, von frischem
thierischen Dünger leicht krebsig. Der Hr. Verf.
erklärt die bekannte Erscheinung, dass Pflanzen, die
lange Zeit über in demselben Boden gebaut worden,
endlich ausarten, wie z. B. Flachs, Erdäpfel etc.,
zum Theil auch dadurch, dass er annimmt, die Wurzeln gewöhnen sich nach und nach an den Reitz,
den sie von dem alten Boden erhalten. Er führt
Belege für seine Ansicht aus einem Werke an, das
in Deutschland wenig gekannt zu seyn scheint, und
in Ländern, wo der Erdäpfelbau betrieben wird,
von Nutzen seyn kann: aus „P. J. van Bavegem,
bekr. *Verhandeling over den oorsprong, plan-
ting, bewaring en behandeling der aardappelen.*"

6. Kap. Verrichtungen der Wurzeln; Nutzen
derselben; der Stoff, welcher von denselben einge-
sogen wird; Art der Einsaugung; Gang, welchen die

eingesogenen Flüssigkeiten nehmen; Ernährung der
Wurzeln, Ausscheidungen derselben. Auch hier ist
das Aeltere gut gesammelt und das Neuere beigefügt.
Da der Hr. Verf. sich bloss bei Thatsachen aufhält,
und alle leeren Hypothesen beseitigt, so wird dieses
Kapitel sehr interessant für Landwirthe.

Was den zweiten oder medicinischen Theil betrifft, der eigentlich nicht mehr zur Botanik gehört,
so bedauern wir, dass der Hr. Verf. hier der unhalt-
baren Idee, die Decandolle's poetisches Talent in
die Botanik auf eine sehr liebliche Weise einzuschwär-
zen wusste, dass nämlich diejenigen Pflanzen, die in
einer und derselben natürlichen Familie oder Ordnung gehören, (unter welcher natürlichen Ordnung
auch die lyrischste Unordnung manchem natürlich
erscheint) ähnliche Heilkräfte und Bestandtheile besitzen; eine Idee, die zu den ungereimtesten gehört,
zu welchen die Poësie des natürlichen Systems führen konnte.

Indessen hat der Hr. Verf. während er im 7.
Kap. S. 97 — 94 über die Heilkräfte der Wurzeln
nach ihren verschiedenen natürlichen Ordnungen
handelt, rühmlich zur Widerlegung der obigen durchaus falschen Idee beigetragen, da er z. B. bemerkt,
dass *Acorus Calamus* ganz andere Eigenschaften
besitzt, als die übrigen Aroiden, unter welche - er
gezählt wird; er hätte ebendiess bei den Lilien bemerken können, wo die giftigsten Wurzeln dicht
neben den nahrhaftesten und gesündesten zu stehen
kommen; bei den Scitamineen, wo die an Stärk-
mehl reichsten Wurzeln sich neben den schärfsten

und beissendsten befinden. 'Bei den Polygoneen bemerkt er richtig, dass hier sehr scharfe Wurzeln (Polygonum Hydropiper) neben adstringirenden (Polygonum Bistorta) und purgirenden (Rheum) stehen. Der Hr. Verf. wird sich selbst gestehen, dass er mehr den Advocaten als den Arzt spielt, wenn er sagt: *Convolvulus Batatas* und *edulis* (herrliche Speisen, wärend fast alle übrigen Convolvulus Purgirmittel sind), beweisen nichts gegen Decandolle's Gesetz; denn es' fehlt ihnen das Harz. Wenn aber in einer und derselben Gattung die eine Art ein beinahe tödtendes Purgirmittel, die andere ein köstliches Nahrungsmittel ist; was soll man erst von Pflanzen einer und derselben Familie sagen? Bei den Solanaceen bemerkt er sehr richtig, dass das zu denselben gehörige *Verbascum* durchaus unschädlich ist. Er hätte auch bei den Cucurbitaceen bemerken sollen, dass, während einige Pflanzen dieser Familie höchst giftig sind, ihre Schwester Arten (Cucumis Melo, sativus etc.) köstliche Früchte darbieten. Welche verschiedene medicinischen Eigenschaften besitzen nicht die Synanthereae! Sie stehen hier ruhig neben einander. Wenn auch einige Rubiaceen Emetine enthalten, so enthalten es doch nicht die meisten, und andere Pflanzen, welche gleichfalls Emetine in sich erzeugen, gehören in ganz andere Familien. Der Hr. Verf. bemerkt sehr richtig, dass unter den Umbelliferen höchst giftige Wurzeln neben sehr sckmackhaften und nahrhaften vorkommen; wir können indessen seinen Bemühungen, diese Widersprüche in der Natur mit den Annahmen leerer Hypothesen in Einklang zu stellen, unseren

Beifall nicht ertheilen. Bei den Papilionaceen hätte
er bemerken können, wie nahe in dieser Familie oft
sehr giftige Gewächse neben schmackhaften und nahrhaften zu stehen kommen. Gestehen wir es uns auf-
richtig, dass die Franzosen mit ihrem natürlichen
Systeme, welches ein schönes, aber ungereimtes
Stück Poësie ist, oft nichts anderes als lyrische Unordnung in die älteren natürlichen Ordnungen gebracht haben.

In dem 8ten und letzten Kapitel S. 95 — 104
handelt der Hr. Verf. über die Eigenschaften der
Wurzeln, über die Weise wie dieselben gesammelt
und angewendet werden müssen. Die von ihm hierüber aufgestellten Grundsätze sind aus jenen der Physiologie hergenommen, also auf Thatsachen gegründet. Es kommen hier einige interessante Fälle vor.
So erzählt der Hr. Verf. z. B. nach dem sel. vortrefflichen Arzt und Professor Driessen, dass ein
Mann eine ganze Zwiebel von *Scilla maritima* ass.
Und was geschah? Der Mann befand sich sehr wohl
auf dieses Frühstück: er ass nämlich die Zwiebel,
als sie in der Blüthe stand, wo sie ganz unkräftig
ist. Hieraus erklärt sich auch der alte Streit über
die Giftigkeit der Zwiebel des *Colchicum*, die ein
Pole ohne allen Nachtheil ass, während Störk sie
als sehr giftig, (und zwar suo tempore mit Recht)
angibt. (Vergl. Murray Apparatus medicam.) Dass
indessen auch zweijährige Gewächse im ersten Jahre
weniger kräftig sind als im zweiten, hat Wiegmann
schon längst und früher als Houlton nachgewiesen.
(Vergl. Buchners Repertorium für Pharm. Jahrg. 1826.)

ss.

Ernst Meyer.

3.) Lipsiae 1830, sumtibus Leopoldi Vossii:
Ernesti Meyer *de plantis labradoricis libri
tres.* 218 S. in 12.

Die nördlichen Polargegenden wurden sowohl
in älteren als neueren Zeiten von so vielen Botanikern oder Naturforschern im Allgemeinen besucht,
dass wir in der Kenntniss ihrer Flora so ziemlich
weit voran sind, und dass es einem, mit dem gehörigen litterarischen Apparate, und einem etwas reichlich versehenen Herbarium Ausgestatteten, nicht sehr
schwer fallen dürfte, eine erträglich vollständige Po-
larflora zusammen zu tragen. Eine solche Flora, die
übrigens nicht trockne Pflanzenbeschreibung seyn
dürfte, sondern auch auf Pflanzengeographie etc. gehörige Rücksicht nehmen müsste, würde, wie uns
scheint, um so mehr einem Bedürfnisse der Botaniker abhelfen, als die vielen Abhandlungen über einzelne Theile derselben theils nur wenigen Botanikern zu Gesicht kamen, theils als Anhang zu grösseren, den Botaniker oft weniger interessirenden
Werken und Reisebeschreibungen angebracht sind.
Labrador gehörte bisher noch zu jenen Theilen, die

am wenigsten bekannt waren, indem wir bloss das
über dessen Flora _wusst_en, was uns Pursh nach dem
Dickson'schen und Banks'schen, und Schrank
nach dem Schreber'schen Herbarium mittheilten.
Der scharfsinnige Monograph der *Juncus* und *Lu-
zülen*, der berühmte Hr. Prof. E. Meyer, hat diese
Lücke um Vieles kleiner gemacht: er gibt uns nämlich in dem oben angeführten Werkchen die voll-
ständigste Flora dieses Landes, die wir bisher hatten.
Sie ist das Resultat der Materialien, die von dem
Missionär Heyberg theils bei Okak, theils bei
Nain gesammelt, und dem Verfasser zugesendet wurden; in was für vorzügliche Hände diese Materialien
kamen, davon gibt uns jedes Blatt dieser Schrift
einen gediegenen Beweis. Wir wollen versuchen
unsern Lesern eine Uebersicht der Leistungen des
Hrn. Verf. in diesem seinem jüngsten Erzeugnisse
zu geben.

Dem Ganzen ist eine Vorrede vorausgeschickt,
in der sich einige originelle Ideen, besonders über
den Begriff von Species und Varietät flüchtig hinge-
worfen finden. Das Werk selbst zerfällt in drei Bücher oder Abschnitte, von denen der erste, der der
descriptiven Botanik gewidmet ist, auch den Titel
einer Flora labradorica trägt. Dieses erste Buch nun
beginnt mit einem Verzeichnisse der Bücher, die
der Verfasser hierbei benützte. Wir können unbe-
schadet der schätzbaren Bemerkungen, die sich auch
hier finden, nicht umhin zu bemerken, dass dieses
Verzeichniss als Litterärgeschichte der Floren der
Polargegenden nicht ganz erschöpfend, und als

Erklärung der Abbreviationen zu weitläufig, ausgefallen' seyn dürfte. — Die Flora selbst ist nach dem natürlichen Systeme' geordnet, und beginnt daher mit den Akotyledonen, worauf die Mono - und Dikotyledonen folgen. Bei jeder Species sind die' vorzüglichsten Synonyme angeführt; ihre Standorte und ganze Verbreitung mit grosser Sorgfalt und Genauigkeit angegeben, und, wo sich Gelegenheit ergab, Observationen angehängt. Der Hr. Verf. hat hierbei mit rühmlichen Eifer weniger nach neuen Species, als nach sicherer Feststellung und genauerer Erkenntniss der älteren gestrebt, und hierin äusserst Verdienstvolles geleistet. Wir wollen versuchen Einiges zum Beweise hiervon auszuheben.

Unter den Lichenen finden wir das *Stereocaulon botryosum Achar.*, bei Okak gesammelt, welches bisher noch in keiner der Polargegenden vorkam. Von *Poa arctica RBr.* wird bemerkt, dass, wenn des Verf. Exemplare wirklich die Brown'sche Pflanze sind, diese wenig von *Poa laxa* verschieden seyn möchte. Von *Elymus arenarius* wird eine neue Varietät aufgestellt: β *villosus EM.*, die sowohl von *E. mollis RBr.* als von *E. villosus Mühlenb.* verschieden ist. *Eriophorum cespitosum* erhält die neue Varietät β *humilius.* Mit *Tofieldia borealis Wahlenb.* wird *T. pusilla Pursh.* ohne allen Zweifel vereinigt; zweifelnd, und wohl mit Recht, wird hingegen *Majanthemum canadense Desf.* zu *M. bifolium* gezogen. *Pinus Larix Schrank* *Labrad.* wird richtig als *P. microcarpa Lamb.* aufgeführt. *Iris graminea* und *Salix vitellina*

Schrank sind dem Verf. zweifelhaft; letztere scheint ihm *S. hastaa* β *Pursh*. zu seyn, so wie er *Alnus vulgaris* Schrank als *Alnus incana* var. virescens *Wahlenb*. und *Primula farinosa* Schrk. als *Pr.* Hornemanniana s. stricta ansieht. *Trientalis americana Pursh*. wird als Synonym zu *Tr. europaea* gesetzt, weil die Labradorische Pflanze ganz dieselbe, wie die europäische ist, und weil der Verf. meint, dass die von Canada bis Virginien vorkommende nicht wohl von der labradorischen verschieden seyn könne. Dergleichen rein geographische, und nicht auf authentische Exemplare zugleich gegründete Schlüsse dürften übrigens doch zu gewagt seyn, als dass man ihnen eine allgemeine Anwendung gestatten sollte. — Die peruvianische *Pinguicula involuta R. et Pav.*, die S c h r a n k unter den labradorischen Pflanzen aufzählte, hält Hr. M e y e r für *P. villosa L.*, er sah jedoch keine Exemplare davon. — *Euphrasia latifolia Pursh* wird zweifelnd zu *E. officinalis*, und *Bartsia rubricoma Pall*. zu *B. alpina* gesetzt. — Bei *Pyrola grandiflora Rad.* findet man *P. pumila Horn.* groenlandica *Nolte* und *rotundifolia* Schrnk als Synonyme. — *Campanula linifolia Schrank* Labr. ist richtig zu *C. rotundifolia* β *linifolia* gebracht. — *Leontodon lividus W. et Kit.* s. salinus *Poll*. wird bloss als Varietät von *L. Taraxacum* behandelt, was doch noch der Bestättigung bedarf. — *Hieracium pusillum Pursh*. wird als Varietät von *H. alpinum* aufgestellt, weil es P u r s h selbst für zweifelhaft hielt. — *Solidago thyrsoidea*

E. M., die einzige vom Verf. creirte neue Art, unterscheidet sich durch folgende Definition von *S. Virgaurea* und *cambrica*, denen sie sehr nahe verwandt ist: *S.* caule simplicissimo, subflexuoso, superne pubescente; foliis ovatis, acuminatis, in petiolum decurrentibus, inaequaliter argute serratis, glabriusculis; floribus racemosis, mediis binatis, ecalyculatis; ligulis elongatis. Sie wächst mit *S. Virgaurea* bei Okak, wo auch noch *S. multiradiata* vorkommt. — *Achillea Millefolium* erhält eine neue Varietät β *nigrescens*, die der γ *atrata* nahe kommen soll; zu dieser letztern wird *A. atrata* L. gesetzt, was wir nicht billigen können. — *Rubus pistillatus Smith* wird mit *R. arcticus L.* vereinigt, jedoch ohne Autopsie S m i t h'scher Exemplare; eben so wird *R. stellatus Sm.* für blosse Varietät des *R. Chamaemorus* erklärt. — Zu *Cochlearia officinalis* wird zweifelnd *C. pyrenaica, oblongifolia, tridactylites* und *lenensis DC.* gezogen, weil des Verf. labradorische Exemplare der *C. officinalis* ähnliche Formen darbieten sollen. — *Lychnis frigida Schrank* ist *L. alpina.* — *Stellaria groenlandica Retz.* wird mit Recht zur Gattung *Arenaria* gezogen. — *Anemone sylvestris* β *alba minor Schrk.* ist *A. borealis Richards.* — Diess mag über dieses Buch genügen; wir bemerken nur noch, dass die Zahl der Arten, die in dieser Florula labradorica aufgezählt sind, auf 198 gestiegen ist,

Das zweite Buch ist den geographischen und meteorologischen Verhältnissen Labradors gewidmet, in sofern dieselben für die Pflanzengeographie und

für die Bestimmung der Schneegränze von Interesse
seyn können. Wir erfahren aus demselben zuvörderst, dass wir in botanischer Hinsicht nur jenen
Theil der östlichen Küste Labradors kennen, der
zwischen dem 56 und 58° nördlicher Breite gelegen
ist, und auf welchem sich die Missionen Nain, Okak
und Hoffenthal befinden. Wäre die Flora der Polargegenden so produktiv an Mannigfaltigkeit der Formen, wie jene der Tropenländer, so wäre es wohl
Vermessenheit, aus diesen wenigen bekannten Daten
Schlüsse in Hinsicht auf die vegetabilische Geographie eines Landes zu wagen, welches sich vom 50°
50' bis 63° 20' nördl. Breite, und vom 298° bis 322°
30' Länge von Ferro erstreckt. — Mit vielem Interesse wird man in der Einleitung zu diesem Buche,
in welchem der Verf. eine seltene Belesenheit und
Vertrautheit mit den Leistungen aller Zeiten beurkundet, das lesen, was über die Schneegränze im
Allgemeinen gesagt wird. Er unterscheidet von dieser eine *physische* und *metaphysische*, (ein Unterschied, den schon v. Buch, wenn auch nicht mit diesen
Worten in Anregung brachte) beschränkt sich aber
im Verlaufe bloss auf erstere, obwohl er letzterer
ihre Wichtigkeit in theoretischer Hinsicht nicht strei-
tig macht. Es ist unmöglich einen Auszug aus diesem Theile des Werkes zu geben, da jede Zeile Interessantes und unabkürzbare Beobachtungen enthält,
die mit ausserordentlichem Fleisse und sorgfältiger
Auswahl aus verschiedenen Schriften zusammengestellt sind. Der Verf. beschränkte sich nämlich nicht
auf Labrador allein, sondern er vergleicht dasselbe

mit den Küsten der Baffins-Bay, mit West-und
Ost-Grönland, Irland, mit der Joh. Mayen- und
Bären-Insel, mit Spitzbergen, mit dem schwedi-
schen und russischen Lappland; mit Finnland etc.
mit den russischen Provinzen zwischen dem weissen Meere und dem Ural, mit dem westlichen,
mittleren und östlichen Sibirien und Kamtschatka,
mit den Aleuten, mit der Westküste des nördlichen
Amerika, und endlich mit dem Innern Amerika's
selber. Als Resultat dieser verschiedenen Zusammenstellung finden sich am Ende dieses Buches zwei
Tabellen, von denen die erste die mittlere Jahres-
Temperatur, so wie die mittlere Temperatur des
Winters, des Frühlings, des Sommers und Herbstes
der genauer bekannten Orte angibt; die zweite
aber die Polar-Gränzen des Getreide-Baues, der
Bäume und des Schnees andeutet. Nach dieser letzteren ergeben sich drei, den isothermen Linien ähnliche Linien, die sich dem Pole an verschiedenen
Stellen mehr nähern, an anderen weiter von demselben entfernt sind. Leider sind jedoch diese Linien aus verschiedenen, mit der Lage der Orte
nicht im Zusammenhange stehenden, Ursachen bedeutenden Unregelmässigkeiten ausgesetzt.

Das dritte Buch endlich betrifft die eigentliche
Pflanzen-Geographie, und zerfällt in zwei Capitel.
Das erste handelt von der Zahl und Verschiedenheit der Pflanzen Labradors oder deren geographischen Vertheilung. Es ergibt sich daraus, dass die
198 bisher bekannten labradorischen Pflanzen zu
103 Gattungen und 38 Familien gehören; dass von

diesen-198 Arten 12 blos in Labrador vorkommen,
so dass Labrador entweder eine mehr eigenthümliche Flora, als Lappland hat, oder dass einige dieser Arten mit bekannten zusammenfallen dürften,
und dass sich die Phanerogamen - Gattungen zu deren Arten wie 1: 1, 9 verhalten. Ferner finden wir
hier eine sehr hübsche Zusammenstellung, der Verhältnisse, in welchen die Zahl der Repräsentanten
der einzelnen Familien zur Gesammtzahl der Vegetabilien in Labrador, auf der Melville - Insel, in
dem mittleren Polar - Amerika und in Lappland stehen, woraus sich sehr bedeutende und interessante
Verschiedenheiten dieser vier Gegenden zeigen. Sehr
interessant sind die Vergleichungen, welche der
Verf. mit verschiedenen anderen Floren in Hinsicht
auf das Verhältniss der Zahl der Arten zu der Zahl
der Familien, auf das Verhältniss der Monocotyledonen zu den Dicotyledonen, der Phanerogamen zu
den Kryptogamen, auf das Verhältniss, der Bäume
und Sträucher, der perennirenden zwei- und einjährigen Pflanzen zu der Gesammtzahl der Arten etc.
gibt. Diese Vergleichungen haben zwar jetzt noch
keinen praktischen Werth, weil sie zum Theile
Länder betreffen, von denen man nur Kleinigkeiten
kennt, wie z. B. von Neu - Holland, so dass man
sich nicht beigehen lassen kann, aus diesen Vergleichungen jetzt schon ein Gesetz ziehen zu wollen, das
wahrscheinlich durch die nächste Entdeckungs-Rei-
se wieder umgestossen würde; allein dieselben bleiben
immer interessante Daten, für die wir dem Verf.
grossen Dank wissen müssen. — Das zweite Ca-

pitel verbreitet sich über die geographische Ausbreitung der labradorischen Pflanzen, und enthält gleichfalls viel Wichtiges, was um so mehr Werth hat,
als es auf festerer Basis beruht, als die Schlüsse
des vorigen Kapitels. Wir erfahren hier, welche
der labradorischen Pflanzen um den ganzen Nord-
pol herum vorkommen, welche Pflanzen auf diesem
Umkreise 2, 3, 4, 5; 6, 7, Unterbrechungen erleiden, und in welchen Gegenden diese Unterbrechungen Statt finden; welche der labradorischen Pflanzen eigentlich Polargewächse sind, und welche nicht,
und bei welchen dieses zweifelhaft ist, u. dgl. m.
Wir schliessen diese gedrängte Anzeige mit
der Ueberzeugung, dass gewiss jeder Botaniker dieses schätzbare Werkchen des Hrn. Professor Meyer
mit eben so viel Vergnügen und Belehrung lesen
wird, als uns dasselbe gewährte. Der Styl des Verfassers ist wegen seiner Eleganz bekannt, so dass
wir hierüber nichts zu bemerken haben. Die typographische Ausstattung ist an diesem Werkchen,
so wie an allem, was aus der Leop. Voss'schen
Buchhandlung kommt, sehr gefällig und richtig.
Bei dem eigentlich botanischen Theile hätte jedoch
der Hr. Verf. bedeutende Ersparung an Raum bewirken können, ohne dass dadurch das Ganze un-
deutlicher geworden wäre.   ss.

---

4) Passau 1831, bei Pustet: *Flóra des Unterdonaukreises*, oder Aufzählung und kurze Beschreibung der im Unterdonaukreise wildwachsenden
Pflanzen. Mit Angabe des Standorts, der Blüthezeit,

der ökonomischen, technischen und medizinischen
Benützung. Von Leopold Reuss, Domvikar.
IV. und 291 S. in 8.

Der Unterdonaukreis des Königreichs Bayern
gehört unstreitig zu den interessanteren. Gegenden
dieses Landes, da er, wenn gleich im Westen eine.
bedeutend grosse Fläche darbietend, die mit Recht
der Getreidgarten Bayerns genannt wird, gegen
Norden die pflanzenreichen Berge am Ufer der Donau besitzt, und gegen Südost an die Gebirge Salz-
burgs sich lehnend, einen subalpinen Charakter erhält. Wir besitzen über die Flora desselben bereits
mehrere, schätzbare Beiträge, wozu insbesonders die
von dem verewigten Herrn Professor Duval her-
ausgegebene Irlbacher Flora, so wie mehrere kleinere
Notizen, die sich darüber in den Hoppe'schen
Taschenbüchern aufgezeichnet finden, gerechnet werden müssen. Es war daher sehr wünschenswerth,
diese zerstreuten Erfahrungen in ein Ganzes zusammengestellt, und dadurch eine nicht unwichtige Vor-
arbeit für eine allgemeine bayerische Flora begründet zu sehen. Hr. Domvikar Reuss hat sich nunmehr dieser Arbeit unterzogen, und ein Werkchen
verfasst, dessen Zweck zunächst seyn soll, Liebha-
bern der Botanik, deren es unter den jungen Geistlichen dieses Kreises mehrere gebe, auf die leichte-
ste und geschwindeste Art Kenntniss von den in
ihrer Gegend wildwachsenden Pflanzen zu verschaffen, und zugleich auf ihre Benützung in der Oeko-
nomie, den Künsten und Gewerben aufmerksam
zu machen. So löblich dieser Vorsatz ist, und so

sehr es dankbare Anerkennung verdient, die Bota-
tanik besonders unter Geistlichen zu verbreiten, die
so häufig Gelegenheit haben, den praktischen Nuz-
zen dieser Wissenschaft in dem ihnen anvertrauten
Wirkungskreise zu erproben; so sehr müssen wir
bedauern, dass der Hr. Verf. in der Wahl der Mittel zu seinem lobenswerthen Vorhaben nicht mit der
gehörigen Umsicht zu Werke gegangen ist. Kaum
wird der Anfänger aus einer Flora Belehrung schöp-
fen können, in welcher kein einziger Gattungscharakter angegeben ist, und was können ohne diese
zur Bestimmung die ins Deutsche übersetzten Linné schen und Wildenow' schen Diagnosen der Arten nützen? Der Verf. musste entweder voraussez-
zen, dass der Anfänger ausser dem seinigen noch
andere Bücher besitze, wornach er die Gattungen
bestimmen kann, oder es war unerlässliche Pflicht
für ihn, alles aufzuführen, was zur vollständigen
Erkennung einer Pflanze nothwendig ist. Im ersteren Falle hätte er aber gerade so gut auch die oh-
nediess veralteten und heut zu Tage nicht mehr
hinreichenden Diagnosen der Arten weglassen, und
sich damit begnügen können, ein Verzeichniss der
vorhandenen Pflanzen mit Angabe ihres Standortes,
ihrer Blüthezeit und Benützung zu geben; wie es
z. B. Duval in seiner Irlbacher Flora gethan hat.
Im letzteren Fälle hätte er doch seinen Zweck wenigstens einigermaassen erreicht und dadurch die Kritik nachsichtiger gemacht, wenn er die neueren
Bearbeitungen einzelner Gattungen und Arten, insbesondere die von Mertens und Koch, ferner die

genauere Angabe der Standörter seltener Pflanzen,
eigenthümliche, Beobachtungen, phyto-geographische
Verhältnisse; Citate guter Beschreibungen und Kupfer, kurz alle Anforderungen, die man heutiges
Tags an eine gute Flora zu machen gewohnt ist,
ausser Acht liess, So wie es vor uns liegt, gewährt
das Buch dem Anfänger nicht hinlängliche Befriedi-
gung; und der weiter vorgerückte Botaniker kann
daraus höchstens einige neue Standörter seltener Arten entnehmen. Wer bürgt uns aber für die Richtigkeit der Bestimmungen des Verf.? Manche Angabe ist wohl nicht geeignet einen günstigen Begriff
dafür einzuflössen. So wird *Veronica acinifolia*
auf magern Aeckern bei Gern, Passau und andern
Orten angegeben, während sie doch eine wahre franzö-
sische Pflanze ist, die sich von da aus nur in einige
westliche Floren Deutschlands verbreitet. *Valeriana*
Phu soll sehr häufig an feuchten Grasplätzen, besonders in bergigen Waldungen vorkommen, was wir billig bezweifeln. *Aira montana* und *flexuosa* sind
doch sicherlich wohl nur eine und dieselbe Art.
Bei *Holcus mollis* und *lanatus* sind, erstere als
gemein, letztere als selten angegeben, wenigstens
die Standorte verwechselt. *Soldanella alpina* wird
überall auf den Gebirgen angegeben, während es doch
schon längst erwiesen ist, dass die bereits am Maria-
hülfsberg bei Passau vorkommende Pflanze zur *S. mon-*
tana gehört und *Soldanella alpina* erst auf wirklichen Alpen auftritt. S. 55. finden wir den *Hyos-*
cyamus Scopolia Linn. als am Oberhausberge bei
Passau wild wachsend aufgeführt; eine ältere Nach-

richt, die auch irgendwo von Schulte's aufgezeichnet ist, die selbst in M. et Kochs Flora Deutschlands Platz gefunden hat, und derzufolge namentlich
der Sohn des Scopoli, mirabile dictu, diese Pflanze dort entdeckt haben soll. Da nun kein Bayri-
scher Botaniker an diese Entdeckung glaubt, die
Sache selbst auch in geographisch-botanischer Hinsicht nicht wahrscheinlich ist, sonach die Thatsache
als eine sehr wichtige botanische Erscheinung zu betrachten seyn würde, so fordern wir den Verf. auf,
zur Steuer der Wahrheit und zum Besten der Wissenschaft, das Nähere darüber auf irgend eine Weise an die Redaktion der Flora zu Regensburg ge-
fälligst gelangen zu lassen, zugleich auch mit dieser
Anzeige das wirkliche Vorhandenseyn von *Veronica acinifolia, Salvia austriaca, Valeriana Phu,
Chenopodium Botrys, Peucedanum alsaticum,
Tordylium maximum, Selinum austriacum,
Erica tetralix; Euphorbia pilosa* aufs Neue zu
bekräftigen, wodurch er sich den Dank, wenigstens
aller Bayerschen Botaniker erwerben würde, denen
alle diese wirklichen Arten als vaterländische Pflanzen unbekannt sind.

Luzula spadicea, die in Waldungen und auf
Brachfeldern vorkommen soll, würde uns unerklär-
lich seyn, wenn nicht das in eine Klammer einge-
schaltete Wörtlein *pilosa* Aufschluss gäbe, was es damit
eigentlich für eine Bewandtniss hat. *Rumex patientia*
auf feuchten Wiesen, zeigt, so wie *R. acutus*, wie
wenig der Verf. mit der neueren Bestimmung der
Ampferarten vertraut ist: *Alisma natans*, in Was-

sergräben, Teichen, möchte auch noch nicht ganz
über allen Zweifel erhaben seyn. *Oxalis stricta*
und *corniculata* sind nach dem Verf. ein und dieselbe Pflanze! *Euphorbia Esula,* überall am Wege
und auf Weiden? Die Revolution unter den *Aco-*
niten scheint dem Verf. völlig unbekannt zu seyn,
da er vertrauungsvoll *A. Lycoctonum, Napellus*
und *Cammarum* aufführt. Das Daseyn von *Ajuga*
pyramidalis müssen wir vor der Hand noch bezweifeln, indem die gemeinere *genevensis* fehlt.
Orobanche caryophyllacea ist Synonym von *O.*
major! *Thlaspi montanum* auf Aeckern um
Passau, Blüthe: blasröthlich ist uns auch verdächtig. *Hieracium Chondrilloides* und *Apar-*
gia Taraxaci möchten wohl auch unrichtig
bestimmt seyn; denn wenn letztere wirklich,
wie hier angegeben ist, an der Alz in Gebüschen
wachsen sollte, dann, ja dann erst würden wir
nicht anstehen, der Meinung, sie sey Varietät
von *A. autumnalis*, beizupflichten. Sehr naiv finden wir den deutschen Namen Frauendistel für
Carduus defloratus. Den nähern Standort von
Tussilago spuria bei Eggenfelden wünschten wir
auch nachgewiesen zu sehen. *Inula oculus Chri-*
sti auf den Inseln und an den Ufern des Inns und
der Donau, vorzüglich bei Straubing und Passau,
Carex divulsa, auf feuchten und *C. mucronata*
auf nassen Wiesen, bedürfen wohl sehr der Bestättigung. Ebenso setzen wir in die *C. Michelii* von
Waldwiesen bei Passau noch starken Zweifel. *Ca-*
rex leporina und *ovalis* sind ohne Zweifel eine

und dieselbe Art, denn an C. *lagopina* (leporina Angl.) ist in dieser flachen Gegend nicht zu denken. Ebenso hat die neuere Nomenclatur dem Verf. den Streich gespielt, dass er eine Pflanze unter zwei Benennungen aufführte, nämlich pag 225 *Aster annuus*, und S. 219 *Doronicum bellidiflorum*. *Salix daphnoides*, bei Landau nicht selten, ist dem Verf. entgangen.

Auch bei der Angabe des Nutzens lässt sich manches Unrichtige nachweisen. Von *Valeriana montana* soll die Wurzel als Arzneimittel gebraucht werden. *Lithospermum* soll seinen Namen von der steinauflösenden Kraft der Samen erhalten haben, wir glauben jedoch eher, dass derselbe von der steinharten Beschaffenheit der Nüsschen herrührt. Dass *Cynoglosum officinale* betäubende Eigenschaften besitzt, ist wohl nicht ganz erwiesen. Aus *Hyoscyamus niger* wird die berüchtigte Hexensalbe verfertigt (sic.). *Chironia pulchella* wird wohl schwerlich in der Apotheke gebraucht. Die Beeren von *Lonicera Xylosteum* sollen giftig seyn, von denen des Seidelbastes und der Einbeere ist keine Sprache. *Tamarix germanica* kann zur Gewinnung von schwefelsaurem Natron benützt werden (?!). Ebenso soll man aus *Thymus serpyllum* Kampfer gewinnen können. *Pedicularis sceptrum* soll gegen Zahnweh dienen und *Polygala vulgaris* in den medizinischen Kräften der *P. amara* gleichkommen! Die Blätter von *Tragopogon pratensis* können wie Spinat gegessen werden. *Scorzonera humilis* ist uns als Arzneimittel noch nicht vorgekommen, wohl

aber ist sie in neueren Zeiten als Surrogat der Maul-
beerblätter für Seidenwürmer empfohlen worden.

Im Ganzen sind in dieser Flora 1026 Arten angeführt. Druck und Papier sind empfehlend, aber
Druckfehler, wie *Impotiens, tanatus, pneunoman-
the, Chabrai, chamadrys, Marubium, britta-
nica, cannobinum, Neotia u. s. w.* hätten füglich
wegbleiben können, besonders in einem Werke,
woraus Anfänger lernen sollen.

Durch das Angeführte, glauben wir hinlänglich
nachgewiesen zu haben, dass der Verf. bei allem guten Willen, seinen Zweck doch nicht ganz erreicht
hat. Wer sollte aber bei dieser, Gelegenheit nicht
den Wunsch in sich rege fühlen, dass doch endlich
einmal Hr. Prof. Z u c c a r i n i seine längst versprochene Flora von Bayern erscheinen lassen, und dadurch diesen unzweckmässigen Spezialfloren ein
Ziel stecken möge? Jeder bayrische, jeder deutsche Naturforscher wird ihm dafür gewiss den
wärmsten und innigsten Dank zollen.

r r r.

Bibliographische Neuigkeiten.

The botanical Miscellany. By Will. J. Hooker. 8.
Pars V. et VI. 1831.

Illustrations of Indian Botany; being Supplement I.
to the Botanical Miscellany. By Richard Wight.
London 1831. 4.

Cours élémentaire de Botanique et de Physiologie
végétale ou Lettres d'un frère à sa soeur; par
Edouard Rustoin. Deuxième édition. Paris 831. 8.

Kosteletzky.

5.) Prag 1831: *Allgemeine medizinisch-phar-mazeutische Flora*, *enthaltend die systematische Aufzählung und Beschreibung sämmtlicher bis jetzt bekannt gewordener Gewächse aller Welt-theile in Beziehung auf Diätetik, Therapie und Pharmazie, nach den natürlichen Familien des Gewächsreiches geordnet,* von V. F. K o s t e l e t z k y, D. M. supplirendem Prof. der med. Botanik &c. (zu Prag.) — Erster Band. XXVI. S. 1 — 310. 8.

Der Verf. glaubt die Erscheinung seines Wer-kes bald nach der von K u n z e's Uebersetzung der R i c h a r d'schen Botanique medicinale und fast gleichzeitig mit der des Handbuchs von N e e s und E b e r m a i e r vorzüglich unter dem Gesichtspuncte rechtfertigen zu müssen, dass jene Werke keine voll-ständige Darstellung aller Arzneipflanzen, die auf dem ganzen Erdboden gebraucht werden (so weit solches bekannt ist) lieferten. Sein Buch soll zu-gleich neben den in den cultivirtesten Ländern Eu-ropa's gebräuchlichen Arzneipflanzen, auch alle die-jenigen anführen, welche als medizinisch wichtig in der Flora aussereuropäischer Länder beschrieben

werden. Dabei geht er auch zu den Alten und den
ersten Vätern der Botanik zurück. Ohne Zweifel
kann ein solches Unternehmen· eine viel vollständi-
gere Ansicht des gesammten Gewächsreiches gewähren, als alle bisher in gleicher Art verfassten Werke,
und mit Vergnügen geben wir. diesem Buche das
Zeugniss eines grossen Fleisses in Benützung und Zusammenstellung aller ihm zugänglicher (und deren
sind sehr viele) Hülfsmittel. Von selbstständigen
-Ansichten wird man hier gerade nicht vieles finden,
jedoch.:bemerkt man das Bestreben, die Natur selbst
zu beobachten, so viel es die Lage des Verf. gestattet.
Die Pflanzenfamilien werden in vier Hauptgruppen
(warum nicht lieber Classen?): *Agamen, Cryptogamen* (Moose und Farne), *Monocotyledonen*
und *Dicotyledonen* getheilt. · Davon behandelt der,
vorliegende Band die 3 ersten mit sichtbarer Liebe.

· Die Familien sind mit Charakteren versehen,,
wobei Hr. K o s t e l e t z k y , die trefflichen Werke
eines J u s s i e u ,. R. B r o w n , D e c a n d o l l e u. s. w.
fleissig, doch namentlich in Beziehung auf die Fa-
miliencharaktere nicht so durchgreifend als wir gewünscht hätten benutzt hat. Es sind nämlich die R.
B r o w n'schen Charaktere , wo sie etwas länger im ,
Originale stehen, hier verkürzt, was bisweilen nicht
ohne· dem Wesen des Charakters Eintrag zu thun
(vorzüglich wegen der Vergleichung) geschehen kann.
Darauf folgen die einzelnen Gattungen charakterisirt
und nun die Arten in·meistens recht guten und prä-
cisen Beschreibungen. Manchmal dazwischen Charaktere' von Ordnungen , worin der Verf. mehrere

Familien vereinigt, sodann Vaterland, chemische Eigenschaften, Gebrauch, Nutzen; und am Ende einer jeden Familie eine allgemeine Betrachtung; wobei auch die geographischen und numerischen Verhältnisse berührt werden.

Um dem Verfasser zu zeigen, dass wir sein Werk nicht blos nach Recensentenart einer ganz oberflächlichen Durchsicht unterworfen, wollen wir hier einige, wie sie sich eben darboten, herausgenommene Bemerkungen beifügen, und wir glauben ihm hiedurch vielmehr einen Beweis unserer Hochachtung zu geben, als wenn wir es mit einem oberflächlichen Lobe bewenden liessen. Was die Anordnung betrifft, so hätten wir gewünscht, dass eine Uebersicht der Familien, Ordnungen &c. gegeben worden wäre, dergleichen z. B. die neuerlich erschienene Einleitung von Lindley*) sehr zweckmässig gibt. Der Verf. hat sich hiebei von schematisirenden Ansichten nicht losreissen können, aber wir glauben es wäre besser gewesen, wenn er es gethan hätte. Selbstständige, eigenthümliche Ansichten in Ordnung und Gliederung des Gewächsreiches haben wir nicht gefunden. Der Verfasser hält sich vorzugsweise an Hrn. Hofrath Reichenbach's System, ohne jedoch sowohl dessen Eintheilung überhaupt, noch die Autoren, welche die Familien aufgestellt haben, anzuführen, so dass nur bei Gattün-

*) Von uns in lateinischer Uebersetzung geliefert im Beiblatte zur Flora 1832, 1 et 2.

Die Redaction.

3*

gen· und Arten der Name eines Autors citirt ist. Die Abtheilung in A - und Cryptogamen mit welcher füglich die von A g a r d h in A - und Crypto- cotyledonen zu vergleichen gewesen wäre, ist von der Art, und so charakterisirt, dass man sich etwas Bestimmtes denken kann. Dagegen was soll man zu der zuerst von R e i c h e n b a c h aufgestellten und hier wiederholten Abtheilung der Monocotyledonen, welche nach R e i c h e n b a c h (auch ohne diese Autorität anzuführen) *Spitzkeimer* (Acroblastae) genannt werden, in *Rhizo-, Caulo-* und *Phyllo- Acroblastae* sagen? Charaktere für diese, hier als Ordnungen aufgestellten, Abtheilungen kann man gewiss nicht finden; und obendrein kommen da hoch- und niedrig organisirte Familien dicht neben einander. Die *Potamogetoneae, Aroideae, Alis- maceae, Hydrocharideen, Cacombeen, Nym- phaeaceen* sollen die *Rhizo-Acroblasten* seyn. Im Samenbau findet die grösste Verschiedenheit statt, (die Spalte, welche man früher als dem Embryo der Aroideen eigenthümlich angesehen, findet sich, wie jetzt K u n t h nachweist, noch bei andern Mono- cotyledonen) eben so finden sich hier grosse Abwei- chungen im Blüthenbau und im Habitus. Die *Po- támogetonen* (von deren eigenthümlich hoher Ent- wicklung der Stipula im Charakter nichts gesagt wird) sind doch im Blüthenbau von den letztern Familien sehr verschieden. Eben so dürften die wenigsten Botaniker geneigt seyn, den *Nymphaea- ceen* ihren Platz überhaupt nur unter den Monoco- tyledonen zu lassen. Von der eigenthümlichen Or-

ganisation des Vitellus R. Br. bei diesen Pflanzen
wird kein Wort im Charakter erwähnt (und eben
so ist auf die An- oder Abwesenheit dieser Bildung
bei den Unterabtheilungen der Scitamineen keine
Rücksicht genommen). Ueberhaupt vermissen wir
ungerne die Benützung der neuesten Arbeiten von
R. Brown, Mirbel, Brongniart und Treviranus über den Samen und das Ei. — Die Gräser
gehören dem Verf. (ebenfalls wieder Reichenbach folgend), zu den *Caulo- Acroblastae*, zugleich mit den *Cyperoideae, Typhaceae,* (welche
Reichenbach zu den Rhizo-Acroblastae stellt),
*Restiaceae, Juncaceae, Xyrideae, Commelina-
ceae, Irideae, Burmannieae, Haemodoraceae,
Amaryllideae, Bromeliaceae* und *Pandaneae.*
Hr. K. gibt folgende Charaktere für diese Abtheilung: ,,Die Stammbildung waltet vor; schon vor
dem Keime findet er (wer?) sich als Knöspchen.
Der Stamm ist häufig mit Knoten unterbrochen und
die Knoten treiben nur bei Berührung mit Erde und
Wasser Wurzeln, aber nicht, wie bei mehreren knotigen Stengeln der vorigen Ordnung, Luftwurzeln nach
dem ganzen Verlaufe. Aus dem Knoten kommen
ferner Knospen und Blätter hervor; diese sind stets
parallelnervig, während bei den meisten Gewächsen
der Rhizo-Acroblastae die Gefässbündel sich ver-
ästeln. Die vollkommensten haben einen verholzen-
den, nach dem ganzen Verlaufe Blätter und Knospen treibenden Stamm. Die Zahl bei den Blüthen-
organen wird eine bestimmte.'' Wir wollen nun
zeigen, dass diese Merkmale gar nichts ausschliessend

Bezeichnendes bei sich führen, und dass dergleichen
Vereinbarungen von natürlichen Familien unter all-
gemeinere Eintheilungsgründe, da sie kein entschie-
denes Bild liefern können, der Wissenschaft gerade
nicht förderlich sind. „Die Stammbildung waltet
vor, schon vor dem Keimen findet sich der Stamm
als Knöspchen." Bei vielen *Restiaceen* ist gar kein
anderer Stamm vorhanden, als eine kuchenförmige
Ausbreitung, woraus die Blüthenäste kommen. Eigentliche baum- oder strauchartige Stämme finden
sich bei einigen *Hamodoraceen:* hier stehen sie
ausserhalb dem Erdboden, aber gerade hier auch
machen sie die ansehnlichsten Luftwurzeln, (wer
kennt diese nicht bei Pandanus und Bromelia?) Bei
den *Typhaceen, Irideen, Cyperaceen, Junceen*
sind die Stengel sogenannte Rhizomata, die unter
der Erde liegen: in ihnen wird man doch keine besondere Vollendung des Stammgebildes finden wollen? Hat der Hr. Verf. wohl schon ein Knöspchen
in den Samen der *Junceen, Hämodoraceen, Restiaceen, Burmannieen* u. s. w. entwickelt gesehen? Wir nie, und doch soll diess ein Charakter
der Abtheilung seyn. Ein Charakter, der allerdings
den hier zusammengestellten Familien gemeinschaft-
lich zukommt, ist der Parallelismus der Nerven in
den Blättern, aber diess ist fast das einzige gemein-
schaftliche Merkmal. Die Zahl der Blüthenorgane
wird hier nach dem Hrn. Verf. eine bestimmte.
Die Gräser möchten sich nicht wohl hierunter anführen lassen, namentlich, wenn, wie es hier mit
vollem Recht geschieht, die Spelzen als Scheidenbil-

dungen und nur die Lodiculae als erstes Rudiment
einer eigentlich der Krone entsprechenden Blätter-
bildung betrachtet werden. *Pariana* hat nach
Aublet vierzig Staubfäden; und eben so wenig
lassen sich die Zahlenverhältnisse bei *Pandanus* und
Freycinetia auf die gewöhnliche Dreizahl der Mo-
nocotyledonenblüthe zurück führen. Wenn jedoch
sich die botanischen Charaktere obiger Familien
schwerlich nach jenen Merkmalen vereinigen lassen,
so hat doch der Hr. Verf. in der Bearbeitung der
hieher gehörigen Pflanzen sehr viel Fleiss bewiesen.
Die Gräser sind sehr gut und vollständig abgehandelt; eben so die *Irideen*. — Die dritte Ordnung
der Monocotyledonen, die *Phyllo-Acroblastae* des
Hrn. **Kosteletzky**, enthalten Familien, die zum
Theil schwerlich aus der Nähe der vorigen zu reissen wären. Hier werden zusammengestellt: *Col-
chicaceen, Liliaceen, Smilaceen, Dioscoreae, Orchideen, Scitamineen, Musaceen* und als höchste
Monocotyledonen, die *Palmen*. Es begreifen also nach K. die *Phyllo-Acroblasten* die *Juncaceen* nicht, welche nach **Reichenbach** hieher gerechnet werden. Rec. glaubt, dass die *Juncaceen,
Smilaceen* und *Palmen*, und dann wieder die *Irideen, Bromeliaceen, Scitamineen* und *Orchideen*
näher zusammen gehören; doch abgesehen von diesem Verhältniss, prüfen wir etwas specieller eine
Familie, etwa die *Smilaceae*. Im Charakter heisst
es von ihnen: Blätter zerstreut, selten wirtelig gehäuft oder gegenständig. Die zwei letztern Prädi-
cate sind gerade falsch, sie können einem Anfänger

nur unrichtige Begriffe beibringen. Es gibt bei Monocotyledonen überhaupt nur zerstreute, oder besser gesagt, abwechselnd stehende Blätter. Das 2te Merkmal scheint Hr. K. von dem *Asparagus officinalis* hergenommen zu haben, wenigstens ergibt sich diess aus der ausführlichen Beschreibung beim Spargel; aber da hätte doch bemerkt werden sollen, dass jene Vulgo - Blätter abortirende Blüthenstiele, und das Vulgo-Nebenblatt ein wahres Blatt höherer Ordnung ist. Endlich gar gegenständige Blätter sollen hier vorkommen; es sind aber hier nur Pseudoverticillen vorhanden. Die sogenannten Blätter von *Ruscus* hätten eben so als das beschrieben werden sollen, was sie sind. So findet aber der Schüler ein wahres monstrum morphologicum, „von dem Mittelnerven des *Ruscusblattes* ein Deckblatt entsprungen." Dieses Eingehen auf die wahre morphologische Bedeutung der Organe hätten wir bei einem Buche, welches alle Pflanzenfamilien wie in einem Gemälde vorführen soll, sehr gerne gesehen. Die *Smilaceen* werden übrigens in *Parideen, Asparageae* und *Smilaceae verae* getheilt. Die ersteren hätten wir lieber als eigene Familie getrennt gesehen. Warum *Flagellaria* zu den *Parideen* gezogen worden, ist uns unbegreiflich. Die Gattung steht offenbar den andern Abtheilungen näher. Bei *Dracaena* wäre *Aletris* als Synonym aufzuführen gewesen. Bei *Xanthorhoea arborea,* welche das Botanybayharz liefert, heist es „die grösste Menge dieses Harzes scheint aus dem untersten Theile des Stammes, der noch im Sande des Bodens steht, zu

fliessen." Es sammelt sich aber das Harz zwischen
den stehenbleibenden Blattbasen an. Bei *Smilax*
wird der *Sarsaparilla* unter *Smilax Sarsaparilla*
Erwähnung gethan, was jedoch unter *Sm. officinalis Humb.* hätte geschehen sollen, da bekanntlich
die ächten columbischen und gujanischen Sorten davon herkommen, und der nordamerikanische Strauch
vou Linné aus Irrthum als Mutterpflanze aufgeführt worden war. — Die *Orchideen* werden in 6
Gruppen abgetheilt. Lindley's Arbeiten sind hier
unbenützt geblieben, obgleich sie schon früher erschienen sind; eben so hätte bei den Palmen, statt
der Eintheilung in Gattungen mit fiederiggetheilten
und mit fächerförmig getheilten Blättern, auf die
von Jussieu oder von Martius Rücksicht genommen werden dürfen. — Mit grossem Fleisse sind im
Allgemeinen die bemerkenswerthen chemischen Stöffe
der einzelnen Pflanzen angeführt, doch haben wir
bei *Smilax* der Parigline nicht erwähnt gefunden,
und es wäre zu wunschen gewesen, dass nicht blos
die Namen mancher gewissen Familien eigenthümlicher Stoffe, wie z. B. der Fungine, des Asparagin
Draconin &c. angegeben, sondern auch eine, wenn
schon sehr kurze chemische Bezeichnung oder Charakteristik solcher Stoffe beigefügt worden wäre,
denn die meisten Leser kennen die Resultate der
neuern Chemie nicht hinreichend, um bei Nennung
eines jeden jener Namen sich von seiner Kategorie
und Natur gehörige Rechenschaft geben zu können.
In den Anführungen der bei den Alten, namentlich
Theophrast und Dioscorides gebräuchlichen

Pflanzen scheint der Hr. Verf. vorzüglich S p r e n -
·gel und D i e r b a c h gefolgt zu seyn. Diese Zugabe
finden' wir eben so nützlich als angenehm. — Ein
ausführliches Register ist versprochen. Es wird die
Nutzbarkeit des Buches sehr erhöhen. Wir wünschen, dass dasselbe recht bald erscheinen möge,
und kann der Hr. Verf. einigen unserer Andeutungen für die noch zu edirenden Familien Berücksich-
tigung schenken, desto besser.

$\Omega.$

6.) Nürnberg 1829—1830 im Verlage des Heraus-
gebers: *Deutschlands Flora in Abbildungen nach
der Natur mit Beschreibungen von* J a k o b
S t u r m , Ehrenmitgliede mehrerer naturhistorischen
Gesellschaften. III. Abtheil. Die Pilze Deutschlands, 7. 8. und 9. Heft, bearbeitet von A. J. C o r-
d a in Prag. (vergl. Flora 1829. II. Ergbl. S. 127.
12.) Jedes Heft mit 16 illuminirten Kupfertafeln
und erläuterndem Text.
Da wir die innere Einrichtung dieses allgemein
geschätzten Werkes als bekannt voraus setzen dürfen, so gehen wir ohne weitere Einleitung sogleich
zu dem Inhalte des 7ten Heftes über: *Sporides-
mium Link.* Ueber die Entwicklung der zu dieser Gattung gehörigen Staubpilze theilt der Verf.
Folgendes mit: Im Anfang ihrer Bildung überzieht
sich ihr Standort (trocknes Holz oder Rinde), mit
einer schwarzen unregelförmigen Staubmasse , die
sich hin und wieder zu kleinen Häufchen sondert.
Durch Dehnung oder Anhäufung einzelner ihrer

Körnchen entstehen die Sporen, die Anfangs noch keine Theilungslinie zeigen, aber beim weitern Fortwachsen allmählig neue Glieder ansetzen, und so zuletzt vier bis sechstheilig erscheinen. Ist das letzte Glied vollendet, so tritt eine neue Bildung, nämlich bei *Sp. atrum* die des Stieles, bei einigen ihre büschelförmige Anheftung, bei *Sp. ciliatum*, die der Wimper ein. Nun erscheint die Anfangs polstrige Unterlage zart ausgegossen und feinkörnig. Auf Aesten von *Populus, Salix* u. s. w. gelangt die Pflanze nur selten zur Entwicklung, indem die körnige Staubmasse ohne Sporenbildung für sich fort vegetirt und wenn sie sich dann noch kuglich sondert, als eigne Art der Gattung *Stilbospora* erscheint. Die entwickelte Pflanze dauert oft vier bis fünf Monate und ihr Absterben besteht bei einigen Arten im Zerstreuen, bei andern im Zerfallen der Sporen und endlicher Auflösung in einen losen Schleim. Die hier aufgeführten Arten sind: Tab. 17. *S. atrum Link.* — Tab. 18. *S. fusiforme Nees.* Der Verf. betrachtet *S. vagum Nees.* als eine Monstrosität von dieser Art, deren Spindelform zur Keulenform überging. — Tab. 10. *S. caulincola Corda.* Auf Doldenstengeln. — Tab. 20. *S. ciliatum Cd.* auf Eichen- und Haselholz. — Tab. 21. *S. macrospermum Cd.* Hiezu kommen als Synonyme: *Stilbospora macrosperma. Pers.* und *Spermodermia clandestina Tode;* indem der Verf. der Gattung *Stilbospora* nur jene Arten beigegeben wissen will, die einfache Sporen und keinen Träger besitzen. — Tab. 22. *S. angustatum Cd.*

(Stilbospora Pers. Link.) Auf Buchen- und Tannen-
rinden. — Tab. 23. *Didymosporium truncatum*
Cd. auf trockenen Aesten von Ribes *rubrum* im
Gräfl. Canalschen Garten bei Prag. — Tab. 24.
Tubercularia floccipes Cd. An trockenen Aesten.
Cnazonaria *Cd.*, eine neue Gattung aus der Familie der *Sclerotiaceen*, deren Arten bisher, der
analogen Gestalt wegen, bei der Gattung *Clavaria*
standen. Sie ist folgendermassen charakterisirt: Pseudosporangium clavatum stipitatum externe interne-
que simile; contextus fibrillosus. Tab. 25. *C. setipes Cd.* ist *Clavaria trichopus* und *setipes Greville*, wächst im Frühjahr und Herbst auf feuchten
Blättern gesellschaftlich mit einer von ihr durch
den glatten Stiel und das kleinere Keulchen getrennten Art, die der Verf. *Cn. laevipes* nennt. —
Tab. 26. *Fuligo violacea Pers.* — Scleromitra,
ebenfalls eine neue Gattung der *Sclerotiaceen*, erhält folgende Charaktere: Pseudosporangium (cla-
vula) mitraeforme subcorneum stipiti adnatum. Tab.
27. *S. coccinea*, wurde von dem Verf. auf dem
Stengel einer *Achillea* entdeckt. — Tab. 28. *Pe-
ziza brunnea Alb. et Schwein.* — Tab. 29. *Hyd-
num bicolor Alb. et Schwein.* Der Verf glaubt,
dass die einfacheBildung der Stacheln bei dieser Art
und deren Reihe sie aus der Gattung der Sta-
chelschwämme entfernen dürfte. — *Doratomyces
Cd.* ist eine neue Gattung für *Periconia Stemoni-
tis Pers. P. subulata Nees.*, die sich von Periconia durch den Mangel einer vesicula unterscheidet, und daher auch der Familie der *Aspergilla-*

ceen angehört. Ihr Charakter 'wird folgendermassen festgesetzt: Stipes subulatus erectus simplex; sporidia nuda in capitulis longis coacervata. . Tab. 30. *D. Neesii.* — Tab 31. 'Co*noplea hispidula Pers.* Die Gattungen *Conoplea* und *Exosporium* bilden nach dem Verf. für sich eine 'engbegrenzte' durch doppelten Sporenbau ausgezeichnete Familie. Der Charakter der Gattung *Conoplea* wird folgendermassen emendirt: Perithecium primo clausum, dein apertum pezizaeforme; sporidia interna globosa in massa gelatinosa nidulantia; sporidia externa perithecio innata erecta piliformia continua. Von ihr unterscheidet sich *Exosporium* durch innere Schlauchbilduug und ein immer geschlossenes Perithecium. — Tab. 32. *Spilocea Scirpi Link.* Die *Spilocea*-Arten sind höchst wahrscheinlich verkümmerte Bildungsreihen höherer Schwamm-Gebilde.

Das achte Heft enthält eine sehr interessante Monographie der Gattung *Torula*, unter welchem Namen der Verf. die Gattungen *Acrosporium Nees.*, *Alysidium Kunze*, *Antennaria Nees.*, *Hormiscium Kunze*, *Monilia Lk.*, *Sphondylocladium Mart.*, *Tetracolium Lk.* und *Torula auct.* unter folgendem Charakter vereinigt: Sporae Concatenatae, articulos floccorum sistentes, deciduae s. contiguae, simplices, continuae, opacae s. hyalinae. Flocci erecti s. decumbentes, simplices aut ramosi, elongati l. abbreviati; stromate nullo l. spurio, pulverulento, tenuissimo suffulti l. innati. Sie bildet zugleich mit den Gattungen *Alternaria*, *Seiridium Nees.* u. *Phragmotrichum* die Familie der *Torulaceen.*

Dargestellt sind: Tab. 33. *T. geotricha Cd.* (Geo-
trichum candidum Lk. Acrosporium candid. Spr.
Botrytis geotricha Lk.) — Tab. 34. *T. Acrosporium
Cd.* (Acrosporium monilioides Nees. Monilia hyalina
Fries. Oidium monilioidesLk.) Auf Grasblättern. — Tab.
35. *T. botryoides Cd.* Auf dem Blüthenstande der Spi-
räen im Canalschen Garten bei Prag. — Tab. 36.
T. aurea Cd. (Oidium aureum Lk.) — Tab. 37.
T. fulva Cd. (Alysidium Kunze et Schm. Acrosporium Pers. Oidium Lk.) Tab. 38. *T. monilioides
Cd.*. Auf trockenem rindenlosem Buchenholz. —
Tab. 39. *T. antennata Pers.* — Tab. 40. *T. coc-
cinea Cd.* Auf feuchtem bedecktem Holze. — Tab.
41. *T. ferruginosa Cd.* Auf rindenlosen abgefal-
lenen Aesten um Prag und Neuhof. — Tab. 42.
T. graminicola Cd. (Seiridium Opiz.) Auf lebenden Gräsern in Saaten bei Prag. — Tab. 43. *T.
culmicola Cd.* Auf faulenden Halmen der *Typha
latifolia* bei Okoriz in Böhmen. — Tab. 44. *T.
Rhododendri Kunze.* — Tab. 45. *T. epizoa Crd.*
Auf Unschlitt und andern fetten thierischen Sub-
stanzen. — Tab. 46. *T. Stilbospora Cd.* Auf der
Rinde dünner vertrockneter Pappeläste. — Tab. 47.
T. Tuberculariae Nees. (Tetracolium Lk.) —
Tab. 48. *T. herbarum Lk.* (Monilia Pers.) Die
von Link hieher gezogene *T. Celtis Bernard.* ist
nach dem Verf. eine sehr verschiedene und selbstständige Art.

Im neunten Hefte finden wir: Tab. 49. *Cryp-
tosporium atrum Kunze.* — Tab. 50. *C. Cari-
cis Cd.* Auf den Blättern kleiner *Carices* bei Prag

und Karlstein. — Tab. 51. *C. Neesii Cd.* (Uredo·
alnea Pers. Ur. subcorticalis Nées. Nosophlea Friés.)
— *Fusicoccum Cd.*, eine neue Gattung mjt dem
Charakter: - Sporae fusiformes, · simplices, conglo-
batae, per epermidem emortuam erumpentes. Stroma convexum, solitarium aüt confluens. Tab. 52.
F. Aesculi Cd., Auf abgefallenen Aesten der Ross-
kastanie. — *Sporotheca Cd.*, ebenfalls eine neue
Gattung, deren Charakter folgendermassen festgesetzt wird: Sporidia elongata, continua, sporis ple-
na, sub epidermide emortua arborum, primum clau-
sa .dein rupta nidulantia et acervata. Sporae seria-
tae, continuae, hyalinae. Acervula hemisphaerica,
rotundata, atra. Stroma spurium; lignosum, pla-
num. Tab. 53. *S. Carpini Cd.* Auf abgestorbenen Aesten von *Carpinus Betulus*. — *Splanch-
nonema Cd.*, nov. gen. Sporidia multilocularia: in
ascos gelatinosos seriata; sporis globosis hyalinis.
Asci gelatinosi, erecti, sporidiferi, hyalini, in cel-
lulis coacervati dein liquescentes. Cellulae ·sphaeri-
cae·l. confluentes, ligno immersae, dein ostiolato-
erumpentes, tomento spurio tectae. Perithecium et
stroma nullum. — Tab. 54. *S. pustulatum Cd.*
Auf· abgefallenen dünnen Aesten in Böhmen. —
Dicoccum Cd. nov. gen. Sporae simplices; didymae,
acervatae. Acervula superficialia, minutissima, vix
conspicua, stromate nullo. — Tab. 55. *D. minu-
tissimum Cd.* Auf der Oberfläche der Späne ge-
zimmerten Holzes. — *Chromosporium Cd.* nov.
gen. Sporae minutae, simplices, continuae, colora-
tae, in partibus plantarum emortuarum nidulantes.

Die Sporen dieser Gattung sind von denen der verwandten Gattungen durch ihr Bewohnen des Innern
und durch das Durchdringen der Pflanzentextur,
welcher sie ihre Farbe ertheilen, verschieden. Von
den beiden auf Tab. 56. und Tab. 57. abgebildeten
Arten, *Ch. roseum* und *Ch. viride*, bewohnt erstere faulende Wurzeln der Cruciferen, letztere
trockenes Eichenholz. — *Chaetostroma Cd.* nov.
gen. Stroma verruciforme s. subglobosum, setosum,
cinctum strato sporidiorum simplici. Sporae globosae fusiformibus mixtae, simplices, continuae. Tab.
58. *Ch. Carmicheli* ist die von Carmichel
in Greville's schottischer Cryptogamenflora als
Aegerita setosa aufgeführte Pflanze. — Tab. 59.
Ch. isabellinum Cd. Auf vertrockneten abgefallenen Weidenästen. — *Coccularia Cd.* Diese neue,
mit *Conisporium Lk.* verwandte Art, erhält den
Charakter: Sporidia membranacea, opaca, libera,
dein irregulariter rupta. Sporae globosae, minutae
numerosissimae, primum gelatinosae dein pulvera-
ceae. Stroma spurium, atrum, s. macula atra, lig-
num inquinans. Tab. 60. *C. rigida Cd.* Auf ver-
wittertem Eichenholz. *Melanostroma Cd.* nov.
gen. Sporae cylindricae, ubique obtusatae, per epi-
dermidem emortuam erumpentes; stromate plano
corneo suffultae. Tab. 61. *M. fusarioidès Cd.*
Auf trockenen Weidenästen bei Karlstein in Böhmen. — *Trichostroma Cd.* nov. gen. Stroma
spurium, verruciforme, corneum, floccis rigidis sub-
ramosis septatis erectis obtectum. Sporae simplices,
continuae, numerosissimae floccis inspersae. Tab.
62. *T. purpurascens Cd.* Auf einem Spane gezim-
merten Holzes bei Prag. — *Chaetocypha Cd.* nov.
gen. Sporae nullae! Stroma gelatinosum primum
globosum, convexum, s. pezizoideum, dein irregulariter lobatum s. polymorphum, floccos longissimos
simplicissimos septatos dein emersos cingens. Tab.
63. *Ch. variabilis Cd.* Auf fallenden Zweigen der
Amaryllis formosissima. Tab. 64. *Sarcopodium
atrum Cd.* Auf trockenen Stengeln der Heidelbee-
re bei Gotha. —

━━━ *Nro. 4.* ━━━

Guillemin, Perrottet, A. Richard.

7) Paris 1831 — 32 à la librairie Treuttel et
Würtz, Rue de Lille 17. Strasbourg grande Rue 15,
Londres 30. Soho-Square: *Flore de Senégambie, ou
descriptions, histoire et propriétés des plantes
qui croissent dans les diverses contrés de Séné-
gambie, recuellies* par MM. Leprieur et Perrottet, décrites par MM. Guillemin, Perrottet
et A. Richard.

Die Flora eines entfernten Himmelstriches ist
nicht für die Bewohner des Landes, dessen Reich-
thümer sie aufzählt, sie ist für alle Länder, in denen die Wissenschaft eine Stätte hat. Jede Flora
eines fernen Welttheils ist, wohlbearbeitet, eine
reiche Schatzkammer für die Wissenschaft in viel-
facher Beziehung: in speciell-botanischer, in bota-
nisch-morphologischer, in pflanzen-geographischer
und endlich in ökonomisch-medizinischer.

In allen diesen Beziehungen wird die von den
Herren Guillemin, Perrottet und A. Richard bearbeitete Flora von Senegambien viel zur
Bereicherung der Wissenschaft beitragen können:
für specielle Botanik, indem sie genaue Beschreibungen liefert von einer Menge theils neuer, theils

noch wenig bekannter Arten und Gattungen; für
Morphologie, indem. sie treu und sorgsam ausge-
führte Abbildungen durch ihre Organisation' ausgezeichneter Pflanzen gibt, die das. Auge des Euro-
päischen Botanikers nicht leicht lebend zu sehen bekommt. In Beziehung auf Pflanzen - Geographie
scheint diese Flora' besonders interessant, da sie
nicht nur eine Menge ihr eigenthümlicher Gewächse
aufzuweisen hat, sondern auch auf eine merkwürdige Weise Pflanzen sehr entfernter Weltgegenden
vereinigt. Viele Bewohner Egyptens, Nubiens,
Arabiens, von Madagascar, Ostindien, Guiana, Bra-
silien und den Antillen finden sich wieder in den
Ländern zwischen dem Senegal und Gambia. Auf
die Genauigkeit der Bestimmungen, welche für
Geographie der Pflanzen besonders wichtig ist,
kann man sich dabei um so mehr verlassen, als
Herr Perrottet selbst auf seinen ausgedehnten Reisen die Floren vieler Länder kennen gelernt hat,
und' der Ort der Bearbeitung dieser Flora, die Haupt-
stadt Frankreichs, durch ihre reichen Sammlungen,
und Bibliotheken die vollständigsten Mittel zur Vergleichung an die Hand gibt. Was endlich das
Pflanzenreich am Senegal in medizinischer und öko-
nomischer Beziehung bietet, darüber kann Herr
Perrottet seine eigenen reichen Erfahrungen mittheilen, da er selbst viele Jahre mit ökonomischen
Versuchen in jenen Ländern zugebracht hat. Herr
Perrottet erhielt nämlich im Jahre 1824 von der
französischen Regierung die Bestimmung, die Co-
lonisation der Landesstrecke zwischen dem Senegal

und Gambia noch einmal zu versuchen, nachdem
zwei frühere Unternehmungen dieser Art geschei-
tert waren. Allein auch dieses Unternehmen musste
nach mühsamer, fünf Jahre lang fortgesetzter Arbeit wieder aufgegeben werden, und Herr Perrottet kam endlich zur festen Ueberzeugung, dass
es unmöglich sey, aus dem Anbau jener Gegenden
den Vortheil zu ziehen, den man erwartet hatte.
Der grössten Theils sterile, salzige Boden, die ausser-
ordentliche Trockenheit während des grössten Theils
vom Jahr, die ungesunde Beschaffenheit der Luft
während der Regenzeit, die Ueberschwemmungen
des Senegal, welche blos zerstören ohne- wie der
Nil fruchtbaren Schlamm mit sich zu führen, endlich noch die räuberischen Angriffe von Seiten der
schwarzen Landesbewohner entmuthigen nach und
nach alle Hoffnungen der Colonisten. Die Versuche Kaffee und Zuckerrohr zu pflanzen waren ganz
erfolglos, die Cochenille, welche Herr Perrottet
einheimisch machen wollte, unterlag der Trockenheit des Klima's, auch die Kultur des Indigo's, welche Herr Perrottet im Grossen einführen wollte, musste wieder aufgegeben werden. Es liess sich
zwar ein Indigo gewinnen, der dem Bengalischen
in nichts nachstand, allein der Ertrag war nicht im
Stand die Kosten zu decken. Die detaillirte Beschreibung aller dieser Kulturbemühungen und der
Hindernisse, welche das Klima ihnen entgegenstellte,
findet sich in einem eigenen Schriftchen: Observa-
tions sur les essais de culture tentés au Sénégal par M.
Perrottet. Paris 1831. (Extrait des annales maritimes.)

4 *

Das Material zur · speciellen Bearbeitung der
Flora ·von ‚Senegambien bieten · nun die reichen
Sammlungen, welche Herr P e r r o t t e t als Direk-
tor der Kolonie am Senegal, und Herr L e p r i e u r,
der als Apotheker der Colonie von-der französischen
Marine beigegeben war, während ihres mehr' als
fünfjährigen Aufenthalts in den Ländereien von Senegal ‚angelegt und im Juli. 1829 · glücklich nach
Frankreich gebracht haben. Die Sammlung des
Herrn P.e r r o t t e t allein enthält ohngefähr 1500
Arten in mehr als 30,000 Exemplaren. Herr Leprieur, der Europa wieder verlassen musste, hat
seine · gleichfalls sehr reiche Sammlung so wie seine
sämmtlichen· an Ort und Stelle gemachten botanischen Bemerkungen Herrn P e r r o t t e t zur Benützung überlassen, der sich nun zur schnellern'
Bearbeitung dieses Materials mit Herrn G u i l l e-
m i n und ‚A. R i c h a r d verbunden hat.

Es sind nun bereits fünf ‚Lieferungen von der
Flora Senegambiens erschienen, die letzte von diesen im Januar dieses Jahres. Alle zwei Monate soll
eine neue Lieferung folgen und das ganze Werk in
zwölf oder fünfzehn Lieferungen vollendet werden.
Jede Lieferung enthält fünf Bogen Text und acht
bis zehn auf Stein gravirte Tafeln. Das Format ist
gross Quart, die Beschreibungen sind in lateinischer,'
die Anmerkungen in französischer Sprache; die Li-
thographien sind sehr reinlich, die Analysen genau.
Der Preis der Lieferung beträgt 12 Franken. Einige Exemplare sind auf Velinpapier abgezogen und
mit Sorgfalt kolorirt; für die kolorirte Prachtausga-

be ist der Preis der Lieferung auf 25 Franken
ausgesetzt.

· Folgende Angaben mögen einen Begriff von dem
Inhalte der erschienenen fünf Lieferungen geben:
Sie enthalten bereits 36 Familien, welche 106 Gattungen mit 222 Arten umfassen. Neu sind darunter 8 Genera und 91 Species. Es wird mit den
Ranunculaceen begonnen, und dann folgen die
Familien ohngefähr in derselben Reihe, wie in
DeCandolle's Prodromus. Die letzte der bereits
behandelten Familien, welche in der fünften Lieferung und zwar noch nicht zur Hälfte enthalten
ist, ist die der *Leguminosen*. Sie gehört zu den
reichsten Familien dieser Flora. Verhältnissmässig
reich zeigen sich die *Anonaceen*, *Capparideen*,
Malvaceen, *Tiliaceen*, *Olacineen*, *Sapindaceen*,
Therebinthaceen; sehr arm dagegen z. B. die Familie der *Ranunculaceen*, *Cruciferen*, *Caryo-
phylaceen*, welche jede nur eine Gattung, die zwei
ersteren sogar nur eine Species enthalten. Für die
specielle Botanik wichtig ist unter Anderem die Berichtigung und Erweiterung des Gattungscharakters
von *Tetracera*; die Vereinigung der Gattungen
Unona, *Asimina*, und *Porcelia* mit *Uvaria*; die
Beschreibung der neuen Gattung *Calycandra*,
welche durch Versehen hier unter den *Capparideen*
steht, da sie vielmehr zu den *Caesalpinien* gehört;
die Berichtigung des Charakters von *Oncoba*, eine
Gattung aus der Familie der *Flacourtianeen*, mit
welchen Richard die *Bixineen* von Kunth vereinigt; die Beschreibung der sonderbaren *Worms-*

kioldia diversifolia, auf die,ich noch einmal zu_
rückkommen werde; die Aufstellung mehrerer
neuen Arten von *Bergia*, welche Gattung mit *Ela-
tine* nach *Cambessedes* eine eigene Familie bildet.
Mit *Fugosia Juss.* wird *Redoutea Vahl* vereinigt
und der Gattungscharakter berichtigt. *Wittelsba-
chia Mart.* wird als *Cochlospermum Kunth.* auf_
geführt und unter die *Ternstroemiaceen* gesetzt.
Von *Icacina Adr. Juss.* erhalten wir genauere
Kenntniss; es wird diese früher nie vollständig bekannte Gattung fraglich den *Olacineen* angereiht.
Eine neue Gattung aus der Familie der *Olacineen*
wird unter dem Namen *Gooutia* beschrieben. Die
Familie der *Malpighiaceen* enthält als neue Gattung *Acridocarpus*; wozu ausser einer neuen Art
noch *Banisteria Leona .Cav.* oder *Heteropteris
Smeathmanni DeCand.* gerechnet wird. Der Unterschied von *Cissus* und *Vitis* wird anders aufgefasst. Die Familie, der *Therebinthaceen* enthält
drei neue Gattungen: *Dupuisia, Heudelotia* und
Lannea, welche mit *Comocladia, Rhus* und *Spon-
dias* verwandt sind. Von *Crotalaria* wird eine
neue Gattung unter dem Namen *Chrysocalyx* ge-
schieden; eine andere neue Gattung aus der Abtheilung der *Loteen* wird *Xerocarpus* genannt. Interessante Bemerkungen finden sich unter andern
bei *Argemone mexicana*, über die Verbreitung
dieser Pflanze: bei *Adansonia digitata* über den
Wachsthum des Boabab; bei *Khaya senegalensis*
über das Mahagony vom Senegal; bei *Indigofera
tinctoria* über Kultur und Darstellung des Indigo etc.

Abgebildet sind in den erschienenen fünf Lieferungen folgende Pflanzen:

Tab. 1. *Tetracera rugosa*. 2. *Uvaria monopetala* (besser gamopetala). 3. *Uvaria parviflora* und *Chamae*. 4. *Cocculus Bakis*. Ein besonderes schönes Bild einer durch ihren Wuchs merkwürdigen Pflanze. Aus derselben Blattachsel entspringen nämlich zwei Sprosse übereinander, der untere (dem Blatt nähere) ist eine Blüthenähre, ohne Laub, der obere dagegen ein Laubspross, der jedoch gewöhnlich nach vorausgehenden fünf Lauben auch zur Blüthenähre sich steigert. Dieser Fall, dass der obere Spross der in der Vegetation weiter zurückgreifende ist, ist seltener als der umgekehrte, doch findet er sich auch bei unsern einheimischen Pflanzen wieder, z. B. bei *Viola tricolor*.

5. *Capparis polymorpha*, merkwürdig durch die regelmässige Vertheilung der Dornen an den beiden Seiten des Blattgrundes.

6. *Boscia augustifolia*. 7. *Maerua Senegalensis*. 8. *Maerua augustifolia*. 9. *Calycandra pinnata*. 10. *Oncoba spinosa*. Wie bei *Butomus* ist bei dieser Pflanze die ganze Innenfläche der Fruchtblätter mit Eiern bedeckt.

11. *Wormskioldia heterophylla*. Diese Pflanze stand bei Willdenow unter *Raphanus*, bei DeCandolle unter *Cleome*, Thonning und Schumacher erkannten endlich ihre gänzliche Verschiedenheit von allen bekannten Gattungen und nannten sie *Wormskioldia*. Richard mittelt ihre Charaktere noch bestimmter aus, und entfernt

sie gänzlich von den *Cruciferen*, indem er sie, jedoch mit grossen Zweifeln, den *Droseraceen* zugesellet. Ich habe Gelegenheit gehabt Originalexemplare von dieser Pflanze zu untersuchen. Beim ersten Anblick glaubt man wirklich eine *Crucifere* zu sehen; die fiederspaltigen Blätter gleichen auffallend denen mehrerer *Malcolmien*; die etwas knotigen Schoten denen eines *Raphanus*. Die Stellung der Blätter ist wie bei den meisten *Cruciferen* unten decussirend, bald aber in $^2/_5$ übergehend. Es ist keine Gipfelinflorescenz vorhanden! Diess ist schon eine Eigenthümlichkeit, die ich bei keiner *Crucifere* kenne. Die achselständigen Trauben sind gewöhnlich dreiblüthig, ohne Gipfelblüthe. Was nun diese Pflanze von den *Cruciferen* gänzlich unterscheidet, ist der fünfzählige, röhrig verwachsene Kelch, fünf am Grunde mit dem Kelch verwachsene Blumenblätter, fünf Mehlblätter die gleichfalls am Grunde dem Kelch anhängen, endlich eine aus drei Fruchtblättern gebildete Schote mit drei langen Griffeln und ohne Scheidewände. Das Aufspringen geschieht nach den Mittellinien der Fruchtblätter, so dass die Samenleisten sich auf der Mitte der Klappen befinden, die aber nach oben immer verbunden bleiben. Die Samen selbst sind sehr schön gegittert und zeigen einen Arillus, d. i. ein lanzetförmiges, weisses, mit dem Samen nicht verbundenes sondern ihm nur lose anliegendes Eiblättchen. Der Keimling liegt in einem fleischigen Eiweiss, ist ganz gerade und mit dem Stengelchen gegen den Nabel gerichtet. Diess sind freilich Eigenschaften genug, welche diese Pflanze von den *Cruciferen*, aber wie mir scheint auch von allen übrigen bekannten Familien entfernen; doch möchte ich sie immer noch lieber in der grossen Klasse der *Rhoeadeen* stehen lassen, als zu den *Droraceen* bringen, mit denen sie in Wuchs und Inflorescenz so wenig Uebereinstimmung zeigt. Die Griffel und Narben schienen mir, wie diess in der ganzen Klasse der *Rhoeadeen* der Fall ist, den *Placenten* zu entsprechen, doch ist diess an getrockneten Exemplaren sehr schwer mit Bestimmtheit zu erkennen.

12. *Bergia pentandra*. 13. *Paritium sterculiaefolium*. 14. *Abutilon macropodum*. 15. *Sterculia cordifolia*. 16. *Sterc. tomentosa*. 17. *Brotera bracteosa*. 18. *Triumfetta cordifolia*. 19. *Triumf. pentandra*. 20. *Grewia corylifolia*. 21. *Cochlospermum tinctorium*, durch Gestalt und Aufspringen der Antheren merkwürdig. 22. *Groutia celtidifolia*. 23. *Vismia guineénsis*. 24. *Lophira alata Banks* in Gaertn. Carpol. ein merkwürdiger Baum, welcher hier zu den *Dipterocarpeen* von Blume, einer Familie welche die *Ternstroemiaceen* und *Guttiferen* zu verbinden scheint, gerechnet wird. Es zeigt diese Pflanze in Wuchs, Blattbildung und Blüthe so viele Uebereinstimmung mit *Bonnetia* und *Kielmeyera*, dass ich sie, ungeachtet des bedeutenden Unterschiedes in der Frucht, gerne in derselben Familie sehen möchte. Die zwei äussersten Kelchblätter vergrössern sich nach dem Abblühen auf eine eigenthümliche Weise und umgeben die spindelförmige Frucht in Gestalt von zwei

langen · Flügeln.· Die Blumenblätter sind.vor der
Entfaltung der Blüthe stark zusammengedreht, und
zwar· nicht in einer absolut constanten Richtung,
sondern.stets in der Richtung der $^3/_5$ Stellung der
Kelchblätter. In dieser Eigenschaft ,stimmt.*Lophira*
völlig überein mit· *Cochlospermum*, ·*Bonnetia*,
Kielmeyera, *Caraipa* und andern *Ternstroemia-*
ceen·, aber auch mit vielen Gattungen aus, der Familie. der *Guttiferen*. Ueberhaupt scheinen diese
beiden Familien näher verwandt zu seyn,, ·als man
gewöhnlich annimmt, und mehr nach der Stellung
der Blätter und Beschaffenheit der Säfte als ,nach
schneidenden Charakteren der Fructifikation unterschieden worden zu seyn. Die hier abgebildete *Lo-*
phira zeigt bald zerstreute, ·bald paarweise zusam-
menhaltende, ja zuweilen sogar zu dreien zusam-
menstehende Blätter und hält also auch darin die·
Mitte beider Familien. Die Berippung der· Blät·
ter ist wie bei *Clusia*,, nur sind die Querrippen .ent-
fernter und durch eine Menge feiner Anastomosen
verbunden, die in der Abbildung vernachlässigt sind.
25. *Hippocratea paniculata.* 26. *Hipp. Ri-*
chardiana. Von. beiden sehr gelungene Abbildungen mit vollständigen Analysen. Die Gestalt der
Antheren ist merkwürdig, so wie die Drei-Zahl derselben in sonst fünfzähliger Blüthe. Zwei derselben
stehen nach oben in der Blüthe, eine nach unten,
mit ihnen wechseln die drei Carpellen ab, so dass
also eines nach oben und zwei nach unten gerichtet sind. Die fünf Kelchblätter decken sich regelmässig nach $^2/_5$, das zweite Kelchblatt befindet sich

dabei nach oben; wie fast bei allen fünfzähligen Blüthen, denen zwei Peduncularblättchen vorausgehen. Die Abbildung beider Arten ist darin nicht ganz genau, oder zeigt wenigstens einen Fall, der nicht der gewöhnliche ist, indem nämlich der obere (2te) Kelchtheil in seiner Ordnung nach Innen anstatt nach aussen gezeichnet ist.

Ueber die Inflorescenz von *Hippocratea*, so wie über die Deckungsart der Blumenblätter werde ich mich bei einer andern Gelegenheit aussprechen.

27. *Salacia senegalensis*, gleichfalls aus der Familie der *Hippocráticeen*, aber durch die Gestalt der Antheren sehr verschieden. Die Antheren dieser Gattung sind darin eigenthümlich, dass der äussere Lappen kürzer und schmäler ist, als der innere. Die hufeisenförmige Mündung kommt dadurch auf die Aussenseite, das breite Connectivum nach Innen zu liegen.

28. *Erioglossum cauliflorum*, aus der Familie der *Sapindaceen*, merkwürdig durch die Bildung seiner Blumenblätter, die auf der Innenseite einen doppelten von der Mittelrippe ausgehenden Flügel zeigen. Ich werde mich über diese Bildung irgendwo anders im Zusammenhang erklären.

29. *Acridocarpus plagiopterus*. 30. *Trichilia Prieureana*. 31. *Ekebergia Senegalensis*.

32. *Khaya senegalensis*, der Mahagonibaum des Senegal. Die Gattung, der dieser Baum angehört, unterscheidet sich von *Swietenia* durch das Aufspringen der Frucht, welches nicht an der Basis, sondern an der Spitze Statt findet.

In morphologischer Beziehung ist diese Gattung, so wie mehrere andere *Meliaceen*, durch das Verwachsen der 8 Filamente zu einer Röhre und die Verbindung der Stipularzipfel zu ebensovielen mit den Antheren abwechselnden Blättchen merkwürdig. Analoge Fälle kommen bei den *Amarantaceen* vor.

33. *Vitis pentaphylla.* 34. *Simaba? undulata.* 35. *Ochna dubia.* 36. *Celastrus coriaceus.* 37. *Zizyphus Baclei.* 38. *Dupuisia juglandifolia.* 43. *Chrysocalyx ebenoides* und *Perrottetii.* 44. *Xerocarpus hirsutus.* 45. *Cyamopsis senegalensis.* 46. *Indigofera macrocalyx.* 47. *Indigof. trichopoda.* 48. *Indigof. stenophylla*, drei sehr interessante im Habitus ausserordentlich verschiedene Arten derselben Gattung.

Zum Schluss spreche ich noch einen Wunsch oder eine Bitte an die Bearbeiter der Flora von Senegambien aus, so wie an alle andern Botaniker, welche sich mit der Beschreibung und Abbildung exotischer Pflanzen, die nur in weniger Hände kommen, beschäftigen. Mögen sie doch alle taxologischen und morphologischen Eigenthümlichkeiten der Pflanzen recht genau beachten, mögen sie besonders auf die möglichste Treue der Abbildungen alle ihre Sorgfalt verwenden, damit diese auch demjenigen lehrreich seyen, der sie nicht in der Absicht die Arten zu unterscheiden, sondern in der Absicht seine Kenntniss von der Organisation der Gewächse zu erweitern betrachtet. Es gibt so Vieles, was in dieser Beziehung von Wichtigkeit ist und doch so vielfach übersehen, so oft verfehlt wird. Fast alle bo-

tanischen Prachtwerke, die bis auf die neueste Zeit
erschienen sind, geben zu dem, was ich hier sage,
reichliche Belege. Gewöhnlich bleibt man in Ungewissheit über die Gesetze des Wuchses, der Blattstellung, der Inflorescenz etc. die man an der Abbildung gern erkennen möchte, fast eben so oft
wird man aber auch durch unnatürliche Verhältnisse gröblich beleidigt. Wenn man dem Botaniker
das Bild einer Pflanze vorlegte, bei welcher die
Zweige, statt wie gewöhnlich über der Mitte des
Blattes, unter den Blättern hervorwüchsen, so würde ihm diess gewiss ebenso widernatürlich scheinen,
als einem Zoologen das Bild eines Thieres, dessen
Glieder auf der Rückenseite hervorwüchsen. So
bekannte Verhältnisse werden nun freilich vom
Künstler nicht leicht verfehlt, aber es gibt noch
eine Fülle anderer, zwar weniger bekannter, aber
nicht weniger bedeutsamer Verhältnisse im Wuchs
der Pflanze, in der Anordnung und Gestaltung ihrer Theile, welche, wenn sie im Bilde verfehlt
werden, das Auge des Geübten nicht weniger beleidigen. Besonders da, wo nach getrockneten Exemplaren gezeichnet werden muss, ist die grösste
Aufmerksamkeit des Botanikers auf jeden Strich des
Künstlers nothwendig. Auch die Abbildungen in
der Flora von Senegambien, so vorzüglich sie sind,
lassen in Beziehung auf taxologische und morphologische Genauigkeit noch einiges zu wünschen übrig, so wären z. B. noch von mehreren Pflanzen
Blüthenrisse wünschenswerth gewesen, und da, wo
solche gegeben sind, z. B. von *Lophira*, *Celastrus*

coriaceus und anderen, hätte die Stellung der Blüthe gegen die Achse angegeben werden sollen.
Hauptsächlich folgende Verhältnisse sollten von Botanikern und Künstlern bei Beschreibung und Abbildung von Pflanzen genauer als bisher beachtet
werden: 1) die Verhältnisse der Blattstellung; namentlich da, wo die Blätter, wie man sagt zerstreut
(sparsa) sind, hat man unterlassen, die ganz bestimm-
ten Regeln ihrer Stellung zu beachten. 2) Die Stellung der Blüthentheile unter sich und die Stellung der
Blüthe zur Achse. 3) Die Eigenthümlichkeiten der
Verzweigung oder des Wuchses der Pflanzen. 4)
Die Natur der Inflorescenzen, von denen man häufig in den Abbildungen nur die äussern Umrisse zu
sehen bekommt. 5) Die vorkommenden Drehungen
der Theile, z. B. der Stengel, ob sie rechts oder
links winden. Aber auch die Blätter sehr vieler
Pflanzen, und selbst die Blüthentheile (z. B. die
Blumenblätter in der Aestivatio contorta, die Antheren, die Griffel) zeigen häufig eine constante
Drehung, welche man nur dann nach der Abbildung beurtheilen kann, wenn die Zeichnung vermittelst eines Spiegels auf den Stein oder das Kupfer übertragen worden ist. Diese und ähnliche
Verhältnisse müssen genau beachtet und im Bild
wiedergegeben werden, wenn spezielle Werke dieser Art auch für die allgemeine Botanik von den er-
wähntem Nutzen seyn sollen. Ich will hiemit keinen Tadel über die Flora Senegambiens aussprechen,
sondern, wie gesagt, nur den Wunsch, dass die genannten Verhältnisse im vorkommenden Fall nicht

übersehen werden möchten. Mögen die Verfasser
dieser interessanten Flora ihr Unternehmen mit demselben Eifer wie bisher fortsetzen und zum From-
men der Wissenschaft glücklich vollenden. Sie
werden gewiss auch in Teutschland Theilnahme und
Beifall finden.   A. Br.

8) München, in der literarisch-artistischen Anstalt, 1831. *Charakteristik der deutschen Holz-
gewächse im blattlosen Zustande,* von Dr. Jos.
Gerh. Zuccarini. Zweites Heft, Tab. 10 — 18.
und 2 Bog. Text in kl. fol.

Mit Vergnügen zeigen wir die Fortsetzung dieses in seiner Art einzigen, und sowohl dem Forst-
manne, wie dem Botaniker höchst nützlichen und
lehrreichen Werkes an. Die innere Einrichtung ist
in dem vorliegenden Hefte ganz dieselbe geblieben,
wie sie unsere Leser bereits aus der Anzeige des
ersten in den vorjährigen Literaturberichten kennen,
die Beschreibungen und Abbildungen lassen hinsichtlich der Ausführlichkeit und Genauigkeit nichts zu
wünschen übrig, und wir können daher nur den
Wunsch wiederholen, dieses schöne Werk baldmöglichst vollendet und recht verbreitet zu sehen.
Die in diesem zweiten Hefte im blattlosen Zustande
dargestellten und durch sorgfältige Zergliederungen
der Knospe u. s. w. erläuterten Baum- und Strauch-
arten sind: Tab. 11. *Ulmus campestris et U.
effusa.* Tab. 12. *Cornus mascula et C. sangui-
nea.* Tab. 13. *Lonicera alpigena et L. coerulea.*
Tab. 14. *Ficus Carica et Daphne Mezereum.*

Tab. 15. *Viburnum Opulus et V. Lantana.* Tab.
16. *Staphylea pinnata et Hippophaë rhamnoides.* Tab. 17. *Aesculus Hippocastanum.* Tab. 18.
Cytisus Laburnum et C. alpinus.

Da sich der Herr Verf. in seinen Beschreibungen jeder kritischen Betrachtung enthält, so dürften die zahlreichen Resultate, die sich aus seinen Forschungen für die Morphologie und Systematik ergeben, am Schlusse des Werkes vielleicht Gegenstand einer sehr interessanten besondern Zusammenstellung werden. Es würde diess dazu dienen, nicht nur den praktischen sondern auch den wissenschaftlichen Nutzen seiner Schrift ins vollkommenste Licht zu setzen. rrr.

Bibliographische Neuigkeiten.

Revisionis Saxifragarum iconibus illustratae supplementum secundum. Auctore C a s p a r o Comite de S t e r n b e r g. Pragae in commissis apud J. G. C a l v e, bibliopolam 1831. Fol.

Natürliches System des Pflanzenreichs nach seiner innern Organisation; nebst einer vergleichenden Darstellung der wichtigsten aller früheren künstlichen und natürlichen Pflanzensysteme. Entworfen von Dr. C a r l H e i n r i c h S c h u l z, Prof. an der K. Universität zu Berlin etc. Berlin, 1832. im Verl. v. A u g u s t H i r s c h w a l d.

De antholysi prodromus. Dissertatio inauguralis phytomorphologica, auctore Dre G e o r g i o E n g e l m a n n, Moeno-Francofurtano. Francofurti ad Moenum, prostat apud H. L. B r o e n n e r. 1832.

Literaturberichte
zur
allgemeinen botanischen Zeitung.

Nro. 5.

Reichenbach.

9) Leipzig bei Carl Cnobloch. 1830 — 31. *Flora germanica excursoria ex affinitate natu-rali disposita, sive principia synopseos planta-rum in Germania terrisque in Europa media adjacentibus sponte nascentium cultarumque frequentius*, auctore Ludov. Reichenbach, Consil. aul. Reg. Sax. etc.

Indem wir unsere Leser im Allgemeinen auf das in der Flora 1830. Nro. 18. von einem andern Referenten über gegenwärtige Schrift gefällte Ur-theil verweisen, müssen wir gleichwohl wiederho-len, dass sie mit ausserordentlichem Fleisse und mit grosser Sachkenntniss abgefasst worden, sonach ei-nen trefflichen Beitrag zur botanischen Bibliothek abgeben, vielseitige Kenntnisse verbreiten und jeden Leser auf irgend eine Weise belehren wird.

Die vorliegende Abtheilung beginnt mit den *Cyperoideis*, und unter diesen zunächst mit den reichhaltigen *Caricinae*, unter welchen die *Elyna-ceae: calyce nullo* vorangehen und die *Cariceae: calyce utriculoso* nachfolgen. Mit Recht finden

wir *Elyna* und *Kobresia* auch hier als zwei Gattungen aufgestellt, und mit Vergnügen sehen wir
die beiden hieher gehörigen seltenen Arten nach
Charakteren, Synonymen und Wohnorten vollständig abgehandelt und selbst diese Vollständigkeit der
einzelnen Arten, nicht nur bei den folgenden zahlreichen *Caricibus*, sondern auch bei allen andern
dergestalt fortgesetzt, dass dieses Werk nicht nur
auf Excursionen wesentliche Dienste leisten wird,
sondern auch bei botanischen Ausarbeitungen vortheilhaft benützt werden kann.

Den Syn. der *Kobr. caricina* glauben wir
noch *Carex mirabilis Host.* hinzufügen zu dürfen, die uns wegen stigmata tria nicht zu *C. incurva*
zu gehören scheint, und da die *Kobr.* bei Host fehlt.

Die *Cariceae* sind nun in die beiden Gattungen *Vignea:* utriculus deplanatus, stigmata 2.
und *Carex*: stigm. 3. utriculus tricarinatus, die
Beauvois angedeutet hatte, hier vollständig ausgeführt, was bei einer Gattung die allein in Deutschland über 100 Arten in sich fasst, höchst zweckmässig
ist, und die Uebersicht und Bestimmung der Arten
sehr erleichtert, wozu durch weitere Unterabtheilungen noch mehr Gelegenheit gegeben worden.

Ueber die einzelnen Arten finden wir fast
nichts beizufügen, da keine fehlt, ihre Charaktere
bedachtsam entworfen, die Reihenfolge nach Ver-
wandtschaftsgesetzen geordnet, alle Abbildungen
citirt, abweichende Synonyma beigefügt; und die
Wohnorte der seltenen vollständig angegeben sind.

Bei *Vignea dioica* erlauben wir, uns bloss die Bemerkung, dass die dabei angezogene *Carex parallela Laest.* des hohen Nordens, neueren Beobachtungen zu Folge doch als Art bestehen könne, wohin auch der Verf. selbst hinzudeuten scheint, da er die etwas abweichende Diagnose beifügte. Der Wohnort von *V. stenophylla* bei Triest, nach Hornschuch, scheint auf einen Irrthum zu beruhen, und dürfte diese eine magere Form von *C. divisa Huds.* seyn. — Als Druck- oder Schreibfehler erscheint bei *V. chordorrhiza* und *Heleonastes* der Wohnort Drining anstatt Deining (bei München) wo auch die seltene *V. capitata* vorkommt. Sehr richtig bemerkt der Verf. bei *V. Grypos*, dass sie einer kleinen *V. stellulata* gleiche; es ist daher zu wünschen, dass die Botaniker in Kitzbühl durch Einsammlung von Fruchtexemplaren hierüber entscheiden möchten. Bei *V. loliacea* bezweifelt der Verf. mit Recht, ob sie in Friaul gefunden worden sey, da auch Host sie nicht aufführt. Die Gewissheit hierüber dürfte Herr Alex. Braun geben können, in dessen Besitz sich das Suffrenische Herbarium befinden soll. *V. repens*, scheint nach dem Verf. auch in der Schweiz wie in Deutschland vorzukommen; indessen sind für uns wenigstens die Schleicherschen Exemplare verdächtig. Dagegen möchten wir wohl die Hostische *C. arenaria* am adriatischen Meere für *C. repens* ansehen, indem die Ansicht des Verf., dass *V. arenaria* wohl nicht bis über Frankfurt

5 *

hinaus vorkomme, auch die unsrige ist. — Bei
V. paradoxa dürfte zu untersuchen seyn, ob nicht
diese Art mit der *teretiuscula* Angl. identisch sey.
Die Goodenoughschen Abbildungen und der
fast stielrunde Halm, scheinen darauf hinzudeuten.
Auch die wirkliche Existenz einer *V. Mönchiana*
dürfte durch Vorlage von Früchtexemplaren noch
zu bestätigen seyn.

Carex microglochin eröffnet diese Gattung, und ist nicht nach Sprengel als *Uncinia*
aufgeführt, wahrscheinlich der grossen Verwandtschaft mit *leucoglochin* halber, was wir sehr billigen. — Mit Vergnügen vernehmen wir bei *C.
spicata* Schk., dass diese seltene Art nun auch von
Rodig im Sächsischen Erzgebirge aufgefunden worden sey. Bei *C. alba* ist billigermaassen die Autorität Scopoli's jener von Host vorzuziehen.
Die riesengebirgische *C. vaginata* Tausch. ist als
Syn. zur pensylvanischen *C. tetanica* Schkhr. (Tab.
ggg. Fig. 100. et T. Oooo Fig. 207.) gesetzt, was
sehr merkwürdig erscheint, wenn sich die Identi-
tät bestätigen sollte, welches durch Vergleichung mit
den Schkuhrischen Exemplaren im Berliner Her-
bario leicht ermittelt werden könnte. — *C. umbrosa* und *longifolia*, 2 Hostische Arten, werden hier
vereinigt, indessen die später erschienene Hostische
Flora beide abermals absondert, worüber wir aus
Mangel an Oirginalexemplaren nichts entscheiden können. — *C. thuringiaca Willd.;* bekanntlich eine
berüchtigte Pflanze, die ebenfalls Nachforschung ver-

dient. — *C. fulva* und *Hornschuchiana*, sind durch genaue Beschreibungen vollständig auseinander gesetzt, und dadurch die Zweifel gehoben, die darüber noch hie und da obzuwalten schienen. Die nachfolgende *C. Hosteana* scheint aber mit beiden und mit *C. distans* sehr nahe verwandt zu seyn, so wie auch die Triestiner Exemplare der *C. distans* ähneln. — *C. reflexa Hp.* dürfte doch wohl nur als eine Form von *C. praecox* mit zurückgeschlagenen weiblichen Aehren zu betrachten seyn, wie solche bei mehreren Arten gefunden werden. — *C. irrigua Sm.* ist mit Recht von *C. limosa* getrennt, und durch folia latiora, fructus longe rostrati, braeteolis, angustissimis multo breviores noch genauer unterschieden. — Ein Anhang von zum Theil zweifelhaften Arten enthält: *C. juncoides Presl. C. hirsuta Sut. C. fusca All. C. foliosa All. C. strigosa All.* und *C. distachya Willd.* über die weitere Aufklärungen sehr zu wünschen wären. — Die *Carex cyperoides* wurde nach Mönchs Vorgange, als eigene Gattung (Schelhammera) unmittelbar nach den *Caricibus*, und wie es uns scheint, mit Recht aufgenommen, da sie in mehreren wesentlichen und unwesentlichen Stücken abweicht.

Es folgen *Cyperinae* und unter diesen zuförderst die *Cypereae*: *calyce nullo* mit der Gattung *Pycreus P. B.* und den ehemaligen Arten von *Cyperus*, nämlich: *pannonicus, flavescens* und *Monti*; dann folgt die Gattung *Cyperus L.*

mit den übrigen Arten, darunter *C. badius Desf.*
die bezweifelte Pflanze von Aachen aufnimmt. —
Die Gattung *Schoenus L.* enthält nur die zwei Arten *mucronatus* und *nigricans*, da *ferrugineus*
unter *Chaetophora*, *albus* und *fuscus* unter
Rhynchospora Vahl., *compressus* aber und *ru-
fus* ihren Platz unter *Blysmus* Platz erhalten.
Zu der letztern Art kommt *Scirpus bifolius Wallr.*
mit Recht als Synonymum. Die drei letztern Gattungen stehen unter der Abtheilung *Dulichieae:
calyce setoso.* — Es folgen die Scirpinae;
Fimbristyleae calyce nullo, und die Gattung
Fimbristylis Rich. mit den Arten: *annua*, *dichotoma* und *Micheliana;* alle drei für Deutschland
sehr seltene Gäste. Es folgen ferner: *Cladium*
R. Br. mit der einzigen Art *Mariscus*, dem *Schoenus Mariscus L. Dichostylis*, *P. B.* mit der Art
fluitans, *Scirpus fluitans L.*, *Isolepis* R. Br. mit
den Scirpusarten *setaceus* und *supinus*, endlich
die Gattung *Holoschoenus Lk.* mit den vom Verf.
in seinen plantis criticis und der botanischen Zeitung auseinandergesetzten Arten *exserens*, *filiformis*, *australis*, *Linnaei*.

Scirpeae: *calyce setoso* — *Heleocharis Lest.*
mit den drei ehemaligen Scirpusarten *ovatus uni-
glumis* und *palustris*.

Heleogiton *Lest.*, mit den Arten *glaucum*,
trigonum, *triquetrum*, *Lejeunei*, *pungens* und
littorale. — *Limnochloa P. B.* mit den Arten
parvula, *acicularis*, *Boeothryon* und *caespitosa*,

wozu noch die *alpina*, der Schweizer nachzutragen·
seyn dürfte. — Nun, folgt der wahre *Scirpus L.*
mit den ältern Arten *mucronatus*, *lacustris*, *mari-·
timus*, *sylvaticus* und *radicans*. ĸ

Endlich· beschliesst *Eriophorum* mit seinen sechs
bekannten Arten die ·ganze Familie der *Cyperoideen*,
die wir etwas umständlich erörtert haben, um hinzudeuten, auf den Gang, den der gelehrte Verf. eingeschlagen und durchgeführt hat.

I r i d e a e, Irisschwertel. Die Gattung *Iris L.* mit
circa 19 Arten. *Gladiolus L.*, wobei· *Gl. communis* nur den wildwachsenden Standort im südlichen·
Littorale enthält, aber überall in Gärten als kulti-·
virt angegeben wird. Es folgen noch *Gl. imbrica-
tus* und *segetum*. *Trichonema Ker.* mit den ·bei-·
den Arten *Tr. Bulbocodium* und *Columnae*. *Crocus L.* mit 10 Arten und mehreren Abarten, die
mit sehr vielem Fleisse auseinandergesetzt worden sind.

N a r c i s s e a e, Narzissen-Schwertel. — *Stern-
bergia W. Kit.* mit den Arten *lutea* und *colchi-
ciflora.* — *Leucojum L.* mit vier Arten. — *Galanthus L.* — *Narcissus L.* ungefähr 14 Arten,
die aber, nach des Verf. eigenem Zeugniss noch
immer ·sehr verwickelt sind. — *Pancratium L.*
mit den Arten *illyricum* und *maritimum*.

B r o m e l i a c e a e. *Agave L.*, deren einzige
Art *americana* sich in Istrien, und sogar im südlichen Tyrol vorfindet.

Ordo III. *P h y l l o - a c r o b l a s t a e.* Formatio 1. *L i l i a c e a e*, Familie *J u n c a c e a e*. Die

Gattung. *Luzula Desv.* mit etwa 12 und *Juncus*
mit 27 Arten liefern eine treffliche Darstellung dieser, so interessanten und eigenthümlich deutschen
Gewächse, deren mit grosser Sachkenntniss erfolg-
te genaue Auseinandersetzung unsern ganzen Beifall hat. — *Juncus nemorosus Host, pallescens*
Wahl. und *sudeticus Willd.* stehen als Var. unser: *Luzula campestris*, dagegen *J. multiflorus*
Ehrh. das Artenrecht als *Luzula multiflora* erhalten hat. Mit Recht sind *L. spadicea* und *gla-*
brata als Arten getrennt. Bei letzterm steht *J. par-*
viflorus Ehrh. und *Wahl.* als Syn. — *Juncus*
conglomeratus und *effusus* haben auch ihre Art-
rechte wieder erhalten. — *J. atratus Krok.*
von Treviranus bei Breslau gefunden, wird als
ächte, nicht zu bezweifelnde Art mit dem Namen:
J. melananthos Rchb. aufgeführt. *Triglochin L.*
mit 2; *Scheuchzeria L.* mit 1 und *Tofieldia Huds.*
(der Aussprache wegen besser *Tofjeldia*) mit 3 Arten, worunter *T. glacialis Gaud.* befindlich, die
übrigen 2 nach Wahlenberg und Koch abgehandelt sind. *Veratrum L.* mit 3 Arten, worunter *V. Lobelianum* als bekreuzt, noch eine weitere
Aufklärung zu erfordern scheint. *Bulbocodium L.*
endlich und *Butomus L.*, jede mit einer bekannten, und *Colchicum L.* mit 4 Arten, wobei *C.*
patens Schulz als Var. zu *autumnale* zurückgeführt wird.

Sarmentaceae, Zauckenlilien. *Paris.* —
Convallaria; darunter *C. bracteata Gaud.* als

Varietas C. *multiflorae.* —*Streptopus* Michx.
die einzige Art *amplexifolius;* ist eigentlich eine
Alpenthalpflanze die im May blühet. *Ruscus* L.
Majanthemum Rth. *Smilax* und *Tamus* L.
Coronarieae, Kronlilien. — *Erythronium*
L., mit der einzigen Art *dens canis,* die sich nun
auch in Böhmen und dem Triestiner-Gebiet gefunden hat. — *Lloydia*, nach Salisbury als eigene Gattung für *Anthericum serotinum* L. aufgestellt. — *Fritillaria* L., worunter die *Fr. Meleagris* auch in Franken vom Herrn Dekan
Schnitzlein gefunden, und die Triestiner Pflanze, die Hoppe als *montana* gegeben, für *F.
tenella* MB. bestimmt worden, was wohl noch Bestätigung bedarf. — *Petilium* L., ein früherer Gattungsname für *Fritillaria imperialis,* deren Verschiedenheit hauptsächlich in der Form der Ka-
spel zu liegen scheint. — *Lilium* L., *Tulipa* L.,
Muscari Tourn., mit den ehemaligen *Hyacinthis*
botryoides, racemosus, comosus, moschatus;
letztere doch nur in Gärten. — *Hyacinthus* L.
(amethystinus und orientalis). — *Bellevalia Lap.*
(Hyacinthus romanus und dubius). *Uropetalum*
Ker. (Hyacinthus serotinus). — *Agraphis. Lk.*
(cernua, nutans, patula et campanulata) — *Scilla* L. — *Gagea Ker.* Wenn wir auch den vielen neueren Gattungen, mit welchen uns insbesondere
die Engländer beschenkt haben, abhold sind, so
wollen wir doch diese letztere für die meistens nur
in Deutschland-wachsenden gelbblüthigen Ornitho-

galen gerne annehmen, wenn wir auch mit der
Darstellung der Arten nicht ganz einverstanden sind.
So finden sich bei *G. stenopetala Fr.* unter zwei
zweifelhaften, kein einziges bestimmtes Synonym,
obwohl die Pflanze auf Saatäckern durch das ganze Gebiet vorkommend, angegeben wird; dagegen,
G. pratensis mit *O. luteum Willd.* und *Sturm* bezeichnet kaum anders als bei Erlangen wildwach-
send vorkommen soll. Bei *G. Schreberi* haben wir
die citirte R ch b. pl. crit. viij. umsonst nachgeschla-
gen. Das *O saxatile Koch,* hier bei *G. arvensis,*
scheint uns doch zu *bohemica* zu gehören. Bei *G.*
lutea endlich fehlen offenbar die Syn. von *O. sylva-*
ticum und *Persoonii* mit ihren Abbildungen. Die
bleibende Gattung *Ornithogalum L.* erhält nun etwa noch 10 Arten, die ausser *O. umbellatum* alle
im südlichen Gebiete oder ausser den Gränzen
Deutschlands wachsen, wobei wir dem *O. sulphu-*
reum noch Crain als häufigen Wohnort beizusetzen
uns veranlasst sehen. Unter *Albucea,* die älter als
Myogalum Lk. zu seyn scheint, stellt der Verf.
das letzte *Ornithogalum* (nutans) auf, ohne es
jedoch zu citiren. Die Gattung *Allium L.* ist unter die Gattungen *Porrum Tourn. Allium T.* et
L. und *Codonoprasum Rchb.* vertheilt, wobei
grösstentheils die verschiedene Beschaffenheit der
Staubfäden zum Grunde gelegt ist. Freilich konnte bei so allgemeinen Veränderungen nicht wohl
auf frühere Einzelnheiten Bedacht genommen werden,
daher denn *Ophioscorodon ursinum Wallr.* wie-

der zu *Allium* zurück geführt worden. — Als eine Merkwürdigkeit finden wir *Porrum Cepa*, die gewöhnliche Zwiebel, als Kulturpflanze ohne Vaterland bezeichnet. *Hemerocallis L.* mit seinen beiden bekannten Arten, wobei *H. flava* als eine Sumpfpflanze aufgestellt worden, was bei der Kultur zu beachten seyn dürfte. Die *H. fulva* kennen wir dagegen als eine Felsenpflanze, indem sie bei Salzburg wenn auch als Gartenflüchtling einen ganzen Felsen schmückt, wie solches wohl auch mit *Lilium bulbiferum*, *Iris germanica* u. a. Statt zu finden pflegt. — *Czackia Liliastrum Andrz.*; neuere Bestimmung für *Anthericum Liliastrum L.* so wie *Narthecium ossifragum* für das *Linn.* *Anthericum* dieses Namens. — *Asphodeline*, ein neuer Gattungsname des Verf. für *Asphodelus luteus* und *liburnicus*. Die Gattungen *Asphodelus*, *Anthericum* und *Asparagus* machen den Beschluss dieses Abschnittes.

Formatio II. *Palmaceae*, Palmengewächse: *Orchideae*; Orchideen. — Hier finden wir nun diese schöne Familie, die selbst schon in Europa so viele treffliche Schaugewächse enthält, ganz vollkommen nach den vielfältig erneuerten Bestimmungen der Franzosen und Engländer ausgearbeitet, wobei freilich ein Linné aner aufs neue in die Schule gehen muss, und sich die Wahrscheinlichkeit darbietet, dass solche totale (?) Reformationen auch in der Botanik bis in Ewigkeit fortdauern werden. — Wir begnügen uns die Gattungen mit ihren Autoren anzugeben: *Herminium R. Br.*, mit der einzigen Art *Monorchis*, die nach unserer Erfahrung auch auf trockenen Hügeln vorkommt, und zu einer absoluten Höhe von 4000′ hinansteigt. — *Himantoglosum Spr.* wohin unter andern *Satyrium viride L.* gerechnet wird. — *Platanthera Rich.* für *Orchis bifolia L.* und eine verwandte Art der *Pl. chlorantha Cust.* — *Gymnadenia Rich.* für *O. conopsea* und die verwandten Arten. — *Nigritella Rich.* für *Satyr. nigrum L.* — *Anacamptis Rich.* für *O. pyramidalis L.* — *Orchis L.* die gewöhnlichen Arten mit einigen davon getrennten und unter obige Gattungen versetzten. — *Spiranthes Rich.* mit den Arten *autumnalis* und *aestivalis*, als ehemalige *Ophr. spiralis L.* — *Aceras R. B.* für *Ophr. anthropophora L.* — *Chamaerepes Spr.* für *Ophrys alpina L.* — *Ophrys L.* — *Serapias L.* — *Habenaria R. B.* mit dem einzigen *Satyrium albidum L.* — *Corallorrhiza R. B.* für die Linnéische *Ophrys* dieses Namens. — *Limodorum Tourn.* dahin die einzige *Orchis abortiva L.* — *Goodyera R. B.* für *Satyrium repens L.* — *Cephalanthera Rich.* Hieher *Serapias rubra L.* und *S. ensifolia* und *lancifolia Roth.* — *Neottia Rich.* für *Ophr. Nidus avis L.* *Listera R. Br.* für *Ophr. cordata* und *ovata L.* — *Epipactis Swartz.* — *Cypripedium L.* — *Malaxis Swz.* — *Sturmia Rchb.* für *Ophr. Loeselii L.* — Endlich *Epipogium R. Br.* für *Satyrium Epipogium. L.*

Den Beschluss dieses Hefts macht die Familie
der Palmen mit der *Phoenix dactylifera* L. und
der *Chamaerops humilis* L. die zwar ursprünglich
als aussereuropäische Gewächse anzusehen sind, aber
doch bei Nizza vorkommen, und der Verf. seine
Flora bekanntlich bis ins Mitteleuropa ausdehnt.
ααυυb bαυ J **(Fortsetzung folgt.)** ας pp.

10) Taurini ex typis regiis. 8. 1831. *Enumeratio seminum horti regii botanici taurinensis.*

Es herrscht an den meisten botanischen Gärten,
wenigstens an den meisten derjenigen, die nicht beständig gegen stiefmütterliche finanzielle Ausstattung
zu kämpfen haben, die löbliche Sitte, dass sie jähr-
lich oder alle 2 Jahre ein Verzeichniss der frisch
vorräthigen Samen drucken lassen und versenden.
Der Nutzen und die Bequemlichkeit dieser Verzeichnisse in Hinsicht auf Verkehr und gegenseitige Mittheilung des Fehlenden oder Wünschenswerthen an
Privat- und Staats - Gärten ist eben so bekannt, als
gross. Der Botaniker hingegen achtet weniger auf
dieselben, da er aus ihnen meistens bloss einige
neue Namen kennen lernt, oder darin höchstens
eine Art von Maasstab erblickt, nach welchem er
das Emporblühen oder den Verfall dieses oder jenes
Gartens beiläufig bemisst. Leider geht aber durch
diese Geringschätzung dieser Verzeichnisse manche
gute Beobachtung verloren; leider kommt es nicht
selten davon her; dass man oft mehrere Jahre lang
in allen Gärten Pflanzen trifft, die man in keinem

grösserem Werke aufgenommen findet und deren
Ursprung am Ende ganz unbekannt ist. Diess veranlasst uns, in unsere Literaturblätter auch alle jene
Pflanzenverzeichnisse einzuschliessen, die mit erläu-
ternden Bemerkungen begleitet sind. Unter diese
gehört nun der oben angeführte Katalog des Gartens zu Turin, der durch die Thätigkeit und durch
die Bemühungen des jetzigen Vorstandes, des berühmten Hrn. Professors J. H. Moris, auch jetzt
wieder einer der ersten Italiens geworden, wie er
es unter dem vortrefflichen Balbis wár. Der Katalog enthält an 2500 Species, worunter man viele
der neuesten Arten bemerken wird, und worunter
sich viele Pflanzen befinden, die sonst in Gärten
selten Samen hervorbringen. Die schönste Zierde
seiner Samenernte vom J. 1831 bilden aber mehrere
neue chilische Arten, welche der unermüdete reisende Botaniker Bertero seinem Freunde Colla
sandte, und die dieser Maecenas der Gartencultur in
Piemont mit dem botanischen Garten zu Turin und
mit mehreren seiner Freunde theilte. Die definir-
ten nenen chilischen Arten in diesem Kataloge sind
folgende: *Armeria curvifolia Bertero*; glaber-
rima, caulescens; scapo subaspero; foliis linearibus,
crassiusculis, canaliculatis; involucri foliolis exterio-
ribus ovato-lanceolatis, mucronulatis, interioribus
ovatis, obtusis. Flores albi. Involucri foliola capi-
tulo multo breviora. Differt ab *A. fasciculata* foliis omnibus radicalibus, angustioribus, margine
crassioribus scapoque glaucescentibus caeterisque. —

Cacalia lobata Moris; caule herbaceo, ramoso; foliis membranaceis, ovatis, basi cuneatis, in petiolum decurrentibus, angulato-dentatis sublyratisve, tandem glabratis; pedunculis bracteis squamatis, subsolitariis, unifloris, elongatis. — *Calandrinia procumbens Moris;* glabra, caulescens, filiformis, procumbens, ramosa; foliis succulentis, linearibus, obtusis, alternis; pedicellis axillaribus et oppositifoliis; sepalis triangularibus; floribus 3-6-andris; capsula triloculari. Annua. Differt a *C. compressa Schrad.* glabritie, caule procumbente, staminibus 3-6, calycis sepalis basi non cordatis &c. — *Lithospermum calycinum Moris;* hispidum, caule herbaceo, adscendente, ramoso; foliis alternis, lanceolatis, inferioribus in petiolum attenuatis, superioribus basi dilatatis, sessilibus; spicis terminalibus, secundis, laxis, ebracteatis, apice revolutis; calyce corollam superante, in fructu expanso; nucibus tuberculato-rugosis. Annuum; floribus flavis. Differt ab affinibus, *L. apulo L.:* pilis omnibus patulis, sparsis, longioribus; foliis superioribus basi dilatatis; spicis laxifloris, ebracteatis; calyce corollam superante, fructifero expanso; a *L. muricato R. et P.* foliis hispidis, omnibus acutis alternisque, floribus spicatis, secundis, corollis flavis; a *L. hispido R. et P.:* foliis apice non revolutis, neutiquam strigosis punctisque albis confertis utrinque notatis; stigmate non emarginato; totius plantae colore virente.— *Petunia viscosa Miers;* piloso-viscosa; caule herbaceo, erecto; foliis oblongo-lanceolatis, radica-

libus petiolatis., caulinis basi attenuatis *s* acuminatis,
pedunculis unifloris;, calycis, laciniis. linearibus, obtusis, corollâ subduplo, brevioribus., Annua., Corolla
alba. — *Sicyus bryoniaefolius*, *Moris*; foliis
cordatis,, s. angularibus, denticulatis; subtus hispi-
dulis; calycinis dentibus obsoletis; capsulâ viscoso-
muricatâ. Differt, ab affinibus *S. angulato* et *par-
vifloro:* caulibus circa nodos. pilis vix ullis brevibus praeditis, caeterum laevibus; pedunculis brevibus; floribus subumbellatis, masculis 5-8 pedicel-
latis; foemineis 4-6 subsessilibus ceterisque. — *Taraxacum caulescens Moris;* caule ramoso, fo-
lioso; foliis lanceolatis, subdenticulatis; involucro
erecto-patente, foliaceo, rigidulo: Annuum. Ob
flosculos omnes ligulatos fertiles, receptaculum nu-
dum, pappum. pilosum stipitatum, authodium poly-
phyllum involucratum, *Taraxacis* mihi accensitum,
ceterum habitu quadantenus recedens; involucrum
enim non squamosum, sed foliaceum, rigidulum; folia non radicalia ut in Taraxacis. An genus novum?
— Ausser diesen neuen Arten kommt auch eine
Kugia pinnatifida Bertero vor, die Bertero
wegen der an der Basis schuppigen Blüthenhülle,
und wegen der Samen, die mit 10 an der Basis
spreuigen Borsten gekrönt sind, eine eigene Gattung
zu bilden scheint. Ferner ein *Convolvolus chi-
lensis* H. Par. (nec Pers.), der gleichfalls von
Bertero gesandt wurde, und der sich von *C. bo-
noniensis Cav.* nur dadurch unterscheiden soll, dass
der mittlere Blattlappen länglich oder lanzettförmig,
die Blüthenstielchen verdickt und so wie die Kelche
etwas filzig sind. Er ist perennirend; seine Blüthenstiele werden im Glashause 1, 2, im freien Lande
hingegen 4-5-blumig. — *Medicago brachycarpa Fisch.* wird zu *Trigonella* gesetzt, und als
Trigonella brachycarpa Moris aufgeführt.

Ss.

Literaturberichte

zur

allgemeinen botanischen Zeitung.

Nro. 6.

Sternberg.

11) Pragae, in commissis apud J. G. Calve, bibliopolam, 1831: *Revisionis Saxifragarum iconibus illustratae supplementum secundum.* Auctore Casparo Comite de Sternberg, Suae C. R. Majestatis Apostol. Consiliar. ab intim. actual., soc. mus. bohem. et C. R. Oeconomico-Patriot. Praesid. societ. et academiar. litterar. plurim. sodali. — VI. et 104. pag. in fol. max. et Tab. aen. XVI.

Je mehr sich in unsern Tagen die Zahl der bekannten Pflanzen-Arten anhäuft, und je schwieriger es für den Einzelnen wird, Alles Bekannte aufzufassen und mit prüfendem Blicke zu überschauen, desto verdienstvoller erscheint es, einzelne Abtheilungen des Gewächsreiches besonders zu bearbeiten, und den Forschungsgeist, statt erfolglos zu versplittern, auf einzelne Punkte zu fixiren. Wenn es noch zu Linné's Zeiten keine besonders schwere Aufgabe war, sämmtliche damals beschriebene Pflanzen mit Namen nennen, und ihre characteristischen Unterschiede angeben zu können, so ist diess jetzt für den einzelnen Botaniker eine wahre Unmöglich-

keit geworden, und er darf sich glücklich schätzen,
wenn er die Pflanzen eines gewissen Erdstriches
oder irgend einer Abtheilung des Systemes in allen
Verhältnissen kennen gelernt hat. Daher sind Floren und Monographien heut zu Tage die zweckmässigsten Mittel, um die spezielle Kenntniss der Pflanzen zu fördern, denn hier findet der Beobachter
eine Grenze, innerhalb welcher er seine ganze Thätigkeit entwickeln und gründliche Resultate erzielen
kann. Es war daher für die Wissenschaft eine
höchst erfreuliche Erscheinung, als bereits im Jahre
1810 Herr Graf von Sternberg die Bearbeitung
der eben so schönen als schwierigen Gattung *Saxifraga* unternahm, und es konnte schon damals Nie-
manden entgehen, dass alle Erfordernisse eines guten Monographen, wohin besonders vieljähriger Um-
gang mit dem Objekte, ausgedehnte Reisen; weit
verbreitete Verbindungen mit den ausgezeichnetsten
Gelehrten, Gelegenheit, Original-Exemplare zu vergleichen, und Disposition über eine möglichst vollständige Bibliothek gehören, sich in dem Herrn Gra-
fen auf die schönste Weise vereinigten. Seine Monographie verfehlte ihren Zweck nicht, die Botaniker widmeten der erläuterten Gattung mehr Aufmerksamkeit als vorher, und machten dieselbe, besonders auf Reisen, zum Gegenstand fortgesetzter
Beobachtungen. Dabei war es angenehm zu bemerken, dass auch der würdige Verfasser sein Werk
nicht als geschlossen betrachtete, sondern fortwährend neue Erfahrungen und Thatsachen sammelte,

und die ausgedehntesten Verbindungen unterhielt, um seine Lieblingsgattung, den Anforderungen der Zeit entsprechend, in den Annalen der Wissenschaft fortzuführen. Den sprechendsten Beweis hiefür liefern das schon vor mehreren Jahren erschienene erste, und nunmehr dieses zweite Supplement; die beide ein nicht unwichtiges Zeugniss ablegen, welche bedeutende Fortschritte die Wissenschaft in einem Zeitraum von 20 Jahren gemacht hat. Ohne dass die heut zu Tage so häufige Specieswuth ihren Einfluss geübt hätte, ist seit jener Zeit die Zahl der Steinbrecharten auf das Doppelte gestiegen, und jeder Tag, jede neue Reise in entfernte Länder, verspricht dieselbe noch höher zu steigern. Das vor uns liegende zweite Supplement liefert nicht nur diese Nachträge in getreuen Abbildungen und ausführlichen Beschreibungen, sondern gibt auch zugleich eine systematische Uebersicht über das ganze Genus, wie sie durch den gegenwärtigen Zustand desselben geboten wird; es kann sonach als ein selbstständiges Werk betrachtet werden, an das sich alle weiteren Forschungen bequem anreihen lassen. Dankbar erwähnt der Verf. die thätige Beihülfe, die ihm Herr Custos Dr. C. B. Presl bei dieser Arbeit leistete, und die es ihm möglich machte, dieselbe jetzt schon der literarischen Welt zu übergeben. Ebenso rühmt er die grossmüthigen und freundschaftlichen Unterstützungen, die ihm von den ausgezeichnetsten Gelehrten, namentlich Chamisso, Don, Kunth, Kunze, Ledebour,

Lehmann, Schlechtendahl, und besonders
von Wallich zu Theil wurden, mit gebühren-
dem Danke.

‥ Die innere Einrichtung des Werkes ist ebenso
einfach als zweckgemäss. Die Arten sind in scharf-
begrenzte Unterabtheilungen gebracht; jede Art ist
mit einer im Linné schen Geiste abgefassten Diagnose versehen, die vollständige Synonymik angefügt,
der Standort angegeben; bei neuen Arten sind auch
ausführliche Beschreibungen, und wo es erforderlich
war, kürzere Bemerkungen angehängt. Die Gattung *Bergenia* steht, von *Saxifraga* getrennt, an
der Spitze. *Saxifraga* selbst zerfällt in 14 Unterabtheilungen, wobei der Verf. neben den durch die
Natur selbst angedeuteten Winken auch die frühern
Vorschläge von Don, Haworth, Tausch und
Anderen berücksichtigt. Diese Unterabtheilungen heissen: *I. Robertsonia. II. Diptera. III. Gym-
nopera. IV. Miscopetalum. V. Hirculus. VI.
Mesogyne. VII. Astasianthes. VIII. Leptarrhe-
na. IX. Micranthes. X. Chondrosea. XI. Ru-
pifragia. XII. Discogyne. XIII. Aretiaria.
XIV. Antiphylla.* Zu bedauern ist, dass die vortreffliche Bearbeitung dieser Gattung in dem dritten
Bande von Mertens und Koch's Deutschlands
Flora dem Verf. erst beim Schlusse seines Werkes
bekannt wurde, er würde vielleicht manchen Ansichten der Letztern um so mehr beigetreten seyn,
als sich jetzt schon an mehreren Stellen des Werkes
eine durch gleiche Studien erzeugte Uebereinstim-

mung der würdigen Verf. bemerken lässt. Wir
nehmen jedoch von diesem Umstande und von der
Voraussetzung, dass unsere Leser zunächst die deutschen Arten interessiren werden, Gelegenheit, hier
in Kurzem zusammenzustellen, worin der Verf. sich
M. und K. nähert, und worin er von denselben
abweicht,

Saxifraga Geum Scop., welches M. und K.
der Scopoli schen Beschreibung nach zu *S. hirsuta
L.* ziehen, erscheint hier unter *S. Geum L.*, und
insbesondere dessen Varietät *α Lapeyrousii.* Bei
S. hirsuta L. ist sonach der Wohnort Deutschland
weggeblieben. *S. repanda Sternb. Rev.* kömmt auch
hier als var. *β hirsuta* unter *S. rotundifolia* zu
stehen. *S. aspera* und *bryoides* treten noch als
geschiedene Arten auf, während sie M. und K. nach
dem Vorgange DeCandolle's und den Beobachtungen von Wild und Stein vereinigen. *S. autumnalis L.* und *S. atrorubens Bertol.* erscheinen hier gleichfalls als Varietäten von *S. aizoides.*
S. pyramidalis Lapeyr. erhält wieder ihren Linné'schen Namen *S. Cotyledon*, und dem Standorte Steiermark sind nunmehr auch Kärnthen und
Tyrol angefügt. *S. longifolia β media Sternb.
Revis.* wird unter der Benennung *S. Besleri* als
eigne Art aufgeführt, und entspricht sonach der *S.
elatior M. et K.*; dagegen kommt *S. crustata Vest.*
als Var. *γ Vestii* unter *S. lingulata Bell.* zu stehen. *S. longifolia Lapeyr.* erscheint als selbststän-

dige Art. Zu *S. squarrosa Sieb.* wird *S. caesia
Scop. fl. carn.* 1. pag. 294. t. 15. als Synonym citirt. Die auf tab. 10. b. f. 3. der Revis. als *S.
Vandelii* abgebildete Pflanze gehört der *S. Burse-
riana β pauciflora*, die Beschreibung derselben
am obigen Ort aber der ächten Pflanze dieses Namens an. Unter *S. tenella Wulf.* steht *S. arena-
rioides Brign.* als Synonym. *S. Hohenwarthii
Sternb. Revis.* bildet die Var. β *brevipes* et γ
purpurea von *S. sedoides; S. Seguierii Spreng.*
erkennt der Verf. dagegen als eigene Art an. Zu
S. muscoides Wulf. wird *S. atropurpurea Sturm.*
als Var. β *purpurea*, und *S. cespitosa Lapeyr.*,
welche M. und K. zu *S. exarata* bringen, als Var.
γ *lobata* gezogen. *S. moschata Wulf.*, welche
M. und K. mit *S. muscoides* als Varietät vereinigen, erscheint noch als besondere Art, ebenso *S.
pygmaea Haw.* Unter dem Namen *S. caespitosa
L.* wird diejenige Pflanze beschrieben, welche M.
und K. als eine compacte Form der *S. decipiens
Ehrh.* betrachten; ihr ist *S. groenlandica Linn.*
als Synonym beigegeben; die Lapeyrouse'sche
Pflanze letzteren Namens halten jedoch M. und K.
für eine eigene Art, welche, nur den Pyrenäen eigen, eher den Namen *pyrenaica* verdiente. Unter *S. exarata* gewahren wir ausser der *S. hypnoides All.* auch die *S. nervosa Lapeyr. S. mix-
ta Lapeyr.* entspricht mit ihrem Synonyme *S. pubescens Pourr.* der *S. exarata* var. β M. et K.
S. intricata Lapeyr. ist als eigene Art beibehalten.

Die polymorphe *S. decipiens Ehrh.* ist auf folgende Weise angeordnet:

α. *Steinmanni;* caule ; dense glanduloso , foliis
surculisque villosissimis, laciniis ovato - lanceolatis. — *S. Steinmanni Tausch.*

β. *Ehrharti;* caule dense glanduloso, foliis surculisque, villosis deinde glabratis, laciniis ovatis. — *S. caespitosa Fl. dan. decipiens Ehrh.*
petraea 'Roth. palmata Sm. villosa Willd.

γ. *Smithii;* caule dense villoso - glanduloso, foliis
surculisque villosis deinde glabratis, laciniis
lanceolatis acutiusculis, petalis obovato - subrotundis. — *S. platypetala Sm.*

δ. *Donii;* caule dense villoso - glanduloso, foliis
surculisque villosis deinde glabratis, laciniis lanceolatis acutis, petiolis longe ciliatis, corymbo
paucifloro. — *S. hirta Don.*

ε. *Gmelini;* caule foliisque glabro, laciniis lanceolatis, corymbo 1 — 10 floro.

    a. Major, multiflora.— *S. Sternbergii Willd.*
    S. sponhemica et condensata Gmel.
    S. palmata Panz. S. condensata Don.
    S. flavescens Sternb.

    b. Minor, uni-bi-triflora, foliis infimis den
    sioribus. — *S. laevis Haw. S. uniflora*
    Sternb. (nec R. Brown, quae distincta
    species.)

ζ. *angustiloba;* caule florifero foliis - surculisque villoso . aut glabro, laciniis linearibus vel
lineari - lanceolatis acutis, petiolis ciliatis, co-

rymbo 1 — 10 floro. — *S. condensatae* et *sponhemicae variet. Gaud.*

Der Verf. weicht in dieser Darstellung von M. und K. vorzüglich darin ab, dass er die *S. spon-hemica Gmel.*, welche M. und K.; wiewohl nicht ohne Zweifel, als eigne Art betrachten, in die Zahl der Varietäten von *S. decipiens* einreiht. *S. Schraderi Sternb.* ist wieder mit *S. hypnoides* vereinigt, *S. leptophylla Pers.* aber, welche M. und K. für eine Gartenform der letzteren halten, als eigne Art getrennt. *S. controversa Sternb.* erhält den Linné'schen Namen *S. adscendens;* zu ihr kommt *S. Bellardi* als Var. β. Auch *S. Ponae Sternb.* wird als Synonym der *S. petraea L.* untergeordnet. *S. paradoxa Sternb.* bleibt mit Recht als eigne Art stehen.

Im Ganzen sind 181 Arten von *Saxifraga* aufgestellt. Von diesen bewohnen 93 Arten Europa, 25 Sibirien mit Inbegriff der Gegend des Altai, Baikal und Kamtschatka, 6 das Morgenland und den Caucasus, 16 Ostindien, China und Japan, 28 Nordamerika, 4 Südamerika und 3 das nördliche Afrika nebst der Insel Madeira; von 6 Arten ist das Vaterland unbekannt. Von den drei Arten der *Bergenia* sind zwei in Sibirien und die dritte in Ostindien zu Hause.

Die im gegenwärtigen zweiten Supplement zuerst aufgestellten, und mit trefflichen zum Theil colorirten Kupfern erläuterten Arten sind: *Saxifraga tuberosa* von der Insel Chamisso, der St. Lorenz-

bucht, Unalaschka und Kamtschatka; *S. Unalasch-*
censis, von der Insel Unalaschka; *S. calycina*, von
der St. Lorenzbucht; *S. Meyeri*, aus Sibirien; *S.*
Pallasiana, aus Sibirien; *S. Wallichiana*, aus
Nepal; *S. carpatica*, aus Ungarn und Siebenbür-
gen; *S. asarifolia*, aus Nepal; *S. elegans*, von
Unalaschka; *S. pusilla*, ebendaher; *S. flexuosa*,
von den Buchten St. Lorenz, und der guten Hoffnung; *S. vaginata*, Unalaschka; *S. silenaeflora*,
ebendaher; *S. Tenorii*, aus Neapel; *S. Clarioni*,
aus Frankreich. Ausser diesen sind auch noch folgende, früher schon benannte Arten abgebildet: *S.*
Geum, hirsuta, serrata, umbrosa, hybrida, stri-
gosa, Cymbalaria, evolvuloides, brachypoda,
filicaulis, Brunoniana, cherleroides, parnassi-
folia, Moorkroftiana, diversifolia, odontophylla,
mollis, hederacea, pallida, patens, lingulata,
Rocheliana, ramulosa, glabella, squarrosa, Van-
dellii, ajugifolia, Cordillerarum, Pavonii, pe-
ruviana, fragilis, geranioides und *ladanifera.*
Ein vollständiges Register der Namen und Synonyme schliesst dieses vortreffliche Werk, das somit
einen treuen Anhaltspunkt für alle künftigen Forschungen bietet. rrr.

———————

12) London 1831: *A Monograph on the*
Subordo. V of Amaryllideae, containing the Nar-
cissineae. By Adrian Hardy Haworth Esq.
L. S. &c. 8. 16 Pag.

Die Gattung *Narcissus* gehört zu jenen, die

seit undenklichen Zeiten in den Gärten cultivirt werden und die eben in Folge dieser lange fortgesetzten
Cultur so ausgeartet und verworren sind, dass es
unmöglich geworden, sie wieder auf fest und genau
begränzte Arten zurückzuführen. Man hat bei manchen dieser Gattungen, wie z. B. bei *Pelargonium,*
noch den Ausweg, dass man bloss jene als festste-
hende Arten annimmt, die sich noch in wildem
Zustande vorfinden, oder nachweisen lassen. Allein
bei *Narcissus* ist auch diess unmöglich, indem es
notorisch ist, dass manche gute Arten, die in älteren Gärten existirten, und die sich auch wild fanden, heute zu Tage nicht mehr an den angegebenen
Standorten zu finden sind, und dass mehrere auch
sogar aus den Gärten verschwanden, so dass wir
sie nur mehr aus den Beschreibungen und Abbildungen als *historische Species* kennen. Fügt man
hierzu noch, dass die Narcissen in Herbarien selten
in brauchbaren Exemplaren zu finden sind; dass
man über die Begriffe von Art und Abart unter den
Autoren nicht leicht wo eine grössere Uneinigkeit findet, als gerade hier; dass die alten Citate nirgend-
wo mit weniger Critik angezogen wurden, als bei
Narcissus: so wird man sich nicht mehr über den
hohen Grad von Verwirrung wundern, der trotz
der Arbeiten von S a l i s b u r y, L o i s e l e u r, D e -
c a n d o l l e, H a w o r t h, S p r e n g e l noch immer
herrschte, und den auch die beiden S c h u l t e s nicht
überall zu durchdringen im Stande waren. Hr. H a -
w o r t h, der durch seinen Scharfblick im Auffinden

der Unterschiede der sogenannten Plantes grasses
rühmlichst bekannt ist, hat sich nun neuerdings über
die Entwirrung der Narcissen gemacht, und wirklich (wenn man auch mit den vielen Species nicht
einverstanden ist) das Meiste hierin geleistet. Wir
bedauern nur, dass er, dem alle Mittel zu Gebote
standen, und der mit Beihülfe der reichsten engli-
chen Gärten den grössten Theil seiner Arten lebend
beobachten konnte, nicht ausführlicher wurde, und
dass er sich meistens mit kurzen Diagnosen, die
zwar seiner Versicherung nach aus langer Erfahrung
geschöpft und von sehr fest stehenden Charakteren
hergenommen seyn sollen, und bloss mit den Citaten aus Parkinson, Trew, Rudbeck, Clu-
sius, Swerts, Barrelier, Besler, Morison,
Linné, Curtis, Salisbury, Redouté und einigen wenigen anderen begnügte. Wahrscheinlich
bezog er sich in Rücksicht der Synonymie auf
Schultes, denen er alle Gerechtigkeit und Ehre
widerfahren lässt. In diesem Zustande erscheint uns
die Abhandlung des Hrn. Haworth mehr als ein
Pródromus einer Monographie, als, als eine wirkliche Monographie, die wir sehnlich von ihm erwarten, und die er, um der ewigen Ungewissheit um
so sicherer ein Ziel zu setzen, mit Abbildungen
sämmtlicher Arten begleiten sollte. —. Ein Auszug
aus dieser Abhandlung ist nicht wohl thunlich, eben
so wenig eine richtige Critik, da man hierzu alle
die vielen neuen Arten vor Augen haben müsste,
um nicht unrichtig und ungerecht zu werden, und

durch voreiliges Zusammenziehen mehr zu verder-
ben, als gut zu machen. Wir wollen uns daher
mehr auf ein blosses Inhaltsverzeichniss beschränken. Wie bekannt haben Salisbury und Haworth die Gattung *Narcissus* schon früher in mehrere Gattungen getheilt, die jedoch in den späteren
Werken nicht angenommen, und auch von Schultes bloss zu Unterabtheilungen benützt wurden.
Hr. Haworth äussert sich über diese Nichtannah-
me seiner Gattungen auf folgende Weise: „Alle die
Gattungen, die ich hier aufstelle, und die ich zum
Theil schon früher aufstellte, sind sehr natürlich,
und doch wurden dieselben im Verlaufe mehrerer
Jahre von anderen Schriftstellern nicht angenommen;
für meinen künftigen Ruf ist diess nur um so vor-
theilhafter, denn am Ende werden sie doch angenommen werden müssen, und dann wird man zu-
gestehen, dass ich meinen Collegen schon um soviel
voraus war." Es ist nicht zu läugnen, dass die Gattungen des Hrn. Haworth grössten Theils sehr
natürliche Gruppen bilden; allein diese Natürlichkeit besteht mehr auf dem ganzen Aussehen, als auf
solchen Characteren, die gewöhnlich zur Begründung von Gattungen als hinreichend angenommen
werden. Wir glauben, dass das, was gute Gruppen gibt, nicht immer auch gute Gattungen gibt, besonders bei einer Gattung, welche, wenn man sie
auch ganz ungetheilt lässt, so natürlich und so wenig künstlich eingezwängt bleibt, wie die Gattung
Narcissus. Wir wollen uns jedoch hier nicht wei-

ter in einen Streit über eine Vermehrung der Gattungen einlassen, sondern lieber zur Angabe der
Gattungen des Verfassers schreiten. Früher, nahm
Hr. Haworth 10 Gattungen an, die aus seiner Re-
visio und aus Schultes bekannt sind; gegenwärtig
führt er aber deren 16 auf, die er in folgender Ordnung auf einander folgen lässt: *Corbuldria, Ajax,
Oileus, Assaracus, Illus, Ganymedes, Diomedes, Tros, Queltia, Schisanthes, Philogyne,
Jonquilla, Chloraster, Hermione, Helena, Narcissus.* Neu sind die Gattungen: *Oileus,* die ganz
nach alten, aus Parkinson und Rudbeck ent-
nommenen Arten construirt ist, von denen der Verfasser nicht eine einzige lebend sah, und zu deren
Aufsuchung er auffordert. Wir haben gewiss alle
Achtung vor den älteren Schriftstellern; allein das
Construiren von neuen Arten und Gattungen nach
denselben scheint uns bei einer so verworrenen Gattung durchaus nicht thunlich, wenn man nicht die
Wissenschaft mit unnützen Namen für Dinge über-
laden will, die vielleicht gar nicht existiren, oder
die, wenn sie sich vorfinden, bei der Untersuchung
in Natura eine neue Umänderung nöthig machen.
Assaracus, dessen Typus *N. capax Schult.* (N.
calathinus Red. nec L.) ist. *Illus,* welcher seither
zu *Ganymedes* gehörte, und der nach *N. cernuus
Salisb.* gebildet ist. *Tros,* welcher früher unter
Queltia steckte, und dessen Typus *N. poculifor-
mis Salisb.* ist. *Jonquilla,* früher mit *Hermione*
vereinigt. *Helena,* früher unter *Hermione* begrif-

fen, jetzt nach: *N. gracilis Sab.*, *tenuior Curt.*
zu unterscheiden. — Hat man schon ob der 94 *Nar-*
cissus, welche die beiden, S c h u l t e s aufführten,
gestaunt, gelächelt oder geschmäht, so wird man gewiss noch mehr verwundert seyn, hier nicht bloss
beinahe alle jene Arten angenommen, sondern sie
auf 148 Species vermehrt zu sehen, von denen 10
auf *Corbularia*, 24 auf *Ajax*, 5 auf *Oileus*, 2
auf *Assaracus*; 2 auf *Illus*, 5 auf *Ganymedes*.
3 auf *Diomedes*, 2 auf *Tros*, 7 auf *Queltia*, 1
auf *Schisanthes*, 9 auf *Phylogyne*, 4 auf *Jon-*
quilla, 2 auf *Chloraster*, 54 auf *Hermione*, 6
auf *Helena* und 12 auf den eigentlichen *Narcissus*
kommen. Was von diesen zahlreichen Arten wirkliche Species, was blosse Abart oder Form ist, lässt
sich nur durch lang fortgesetzte Cultur ermitteln;
aus dieser wird sich auch ergeben, ob die Behaup-
tung einiger, dass die Narcissen durch die Cultur
ihre Farben wechseln, richtig ist, oder auf falschen
oder irrigen Beobachtungen beruht. Die Blüthezeit,
die von Hrn. H a w o r t h bei seinen Untersuchungen sehr berücksichtigt, und manchmal zu Unterabtheilungen der Gattungen benützt wurde, scheint
allerdings, wenn sie sich beständig zeigt, mehr Beachtung zu verdienen, als gewöhnlich. Allein man
darf sich nicht verhehlen, dass bei diesen viel cul-
tivirten Zwiebelgewächsen auch diese Blüthezeit von
so vielen Zufälligkeiten abhängt, dass man bei deren
Beurtheilung nicht genug auf der Huth seyn kann.
Wer übrigens über Hrn. H a w o r t h's Arten gründ-

lich urtheilen will, muss sich schon die Mühe geben, diesen freundlichen und äusserst gefälligen
Mann auf seinem Sitze zu Chelsea zu besuchen,
denn er hat die meisten derselben in sorgfältig
getrockneten Exemplaren zu seiner Rechtfertigung
aufbewahrt, und wird deren Einsicht jedermann
gestalten.   88.

13.) Heidelberg und Leipzig in der neuen aka-
demischen Buchhandlung von Karl Groos; 1831:
Flora-Apiciana. Ein Beitrag zur näheren Kenntniss der Nahrungsmittel der alten Römer; mit besonderer Rücksicht auf die Bücher des Caelius
Apicius de Opsoniis et Condimentis sive Arte Co-
quinaria. Von Dr. Johann Heinrich Dier-
bach, ausserordentlichen Professor der Medizin in
Heidelberg, mehrerer gelehrten Gesellschaften Mit-
gliede. VIII und 75 S. in 8.

Der Hr. Verf. des vorliegenden Werkes hat
theils in seinen Beiträgen zu Deutschlands Flora,
theils in verschiedenen Abhandlungen, besonders im
Geiger'schen Magazine, sich den Naturforschern
als ein botanischer Archäolog angekündigt, der mit
seltenem Fleisse und Ausdauer Alles sammelt, was
uns theils das Studium älterer Pflanzenforscher er-
leichtern kann, theils uns noch aus diesem Studium
Vortheile, sey es auch nur Bereicherung unserer
historischen Kenntnisse, zu bieten vermag. Auch
gegenwärtiges Schriftchen ist eine Frucht ähnlicher
Bemühungen, und muss den Botanikern, wie den

Oekonomen und Philologen um so schätzenswerther
erscheinen, da wir bisher zwar über die Werke
des Virgil, Hippocrates, Theophrastos, Plinius, u. s.
w., keineswegs aber über die Bücher des Caelius
Apicius, die doch die einzigen von den zahlreichen
ähnlicher sind, welche bis auf unsere Zeiten kamen,
Commentare besitzen. Der Verf. theilt sein Werk
in 7 Abschnitte; der erste beschäftigt sich mit den
Obstarten, Kürbissen und anderen essbaren Früchten und Samen, der zweite mit den Zwiebelgewächsen, der dritte mit den Schwämmen, oder Pilzen,
der vierte mit den essbaren Wurzeln, Gemüsear-
ten, Spargeln u. s. w., der fünfte mit den Hülsen-
früchten, der sechste mit den einheimischen Gemüs-
pflanzen und der siebente mit den Gewürzen aus
Asien und Afrika. Jeder unter diese Rubriken gehörende Gegenstand wird in einem eignen Paragraphen, deren das Werk im Ganzen 112 zählt, behandelt, und hier nicht nur dasjenige berührt, was
auf die Schriften des Apicius nähern Bezug hat,
sondern überhaupt eine möglichst vollständige Geschichte desselben gegeben. Es sind durchaus nur
die Resultate der Nachforschungen des Verf. angeführt, ohne dass in jenes Labyrinth von Citaten
eingegangen wird, die dergleichen Werken zwar
ein ungemein gelehrtes Ansehen ertheilen, ihr Studium aber eben nicht sehr anlockend machen. Wir
zweifeln daher nicht, dass dieses Schriftchen bei
allen Freunden der Alterthumskunde eine dankbare
Aufnahme finden wird.   rrr.

Lindley, Hutton, Cotta.

14.) London 1831: *The fossil Flora of Great Britain*, oder Beschreibung und Abbildung der vegetabilischen Ueberreste, welche im fossilen Zustande in England gefunden werden, von John Lindley und William Hutton. Heft 1 — 2 und 3. Preis 5 Schill. für das Heft mit 10 illum. Kupfertafeln. 8.

15.) Dresden und Leipzig 1832: *Die Dendrolithen in Beziehung auf ihren Bau*, von C. Bernard Cotta. 4. mit 20 Steintafeln.

Unverkennbar sind die grossen Fortschritte, welche in dem kurzen Zeitraume von 4 Jahren unsere Kenntnisse von der Flora der Vorwelt gewonnen haben. Mehrere Pflanzenabdrücke führende Formationen, die früher weniger beachtet waren, insbesondere die des Sandsteins und Mergels, welche früher, als Karpathen Sandstein, Wiener Sandstein, Apenninen Sandstein unterschieden wurden, und nun mit dem Schweizer und Allgäuer Sandstein parallelisirt als Kefferstein's Flyschformation auftreten, wurden von den vorzüglichsten Geologen Deutsch-

lands, Englands und Frankreichs näher untersucht,
die von Brongniart in seinem Prodromus aufgestellten Hypothesen durch mehrere neue Beobachtungen beleuchtet und berichtigt, und die nun ra-
scher fortschreitente Herausgabe seiner Geschichte
fossiler Pflanzen hat die Zahl neuer Gattungen und
Arten um ein Bedeutendes vermehrt. - Wichtiger
jedoch, für die Ausbreitung und genauere Umgrän-
zung dieses so schwierigen Zweiges der Naturwis-
senschaft sind die neueren Versuche, die zahllosen,
in allen älteren Sammlungen unter den geschliffenen
Steinen, theils ohne nähere Bestimmung, theils mit
unwissenschaftlichen Namen bezeichnet vorkommenden Versteinerungen einer genauen Untersuchung
zu unterwerfen, und nach ihrer innern Organisation
unter bestimmte Familien zu reihen. Dr. Anton
Sprengel*) machte den ersten Versuch, einige
Holzsteine aus der Sammlung des Oberforstraths
Cotta in Tharand, welche sonst allgemein als Pal-
menstämme betrachtet wurden, nach ihrer innern
Organisation unter die Farnkräuter, Palmen und
Cycadeen zu vertheilen. Bald nachher versuchte
der Engländer Witham**) feine Längs- und Quer-
durchschnitte von grossen Baumversteinerungen ab-
zulösen, und ihre Organisation unter dem Microscop
zu studiren und abzubilden, woraus sich denn er-

---

*) Sprengel, commentatio de Psarolithis ligni fos-
silis genere. Halae 1828.

**) Mr. Witham of Edimbourgh Illustrations of the
internal structure of fossil plants.

gab, dass in dem Kohlensandstein, ohngefähr 5 Meilen von Newcastle, ganz bestimmt Exogeniten vorkommen, welche er als *Pinus*-Arten bestimmt hat. Es war voraus zu sehen, dass diese gleichsam neu gebrochene Bahn bald von mehreren Botanikern verfolgt und uns einen neuen Blick in die Vorwelt öffnen würde, nicht sowohl um viele neue Arten für die Flora zu gewinnen, denn nach der innern Organisation lassen sich diese nicht erkennen, als um schärfere Begränzungen der Familien und Gattungen zu erhalten, und es möchte wohl kaum einem Zweifel unterliegen, dass, wenn einmal die Organisation der jetztlebenden Pflanzen allgemeiner bekannt seyn wird, als diess dermalen der Fall ist, auch für die Interpretation der Flora der Vorwelt ein grosser Gewinn hervorgehen muss, und wäre es auch nur die negative Wahrheit, auf welche die bereits gemachten Bemerkungen hinweisen, dass die Pflanzen der ersten Flora sich zwar nahe an die Familien und Gattungen der Floren heisser Zonen anschliessen, aber nicht als identisch erkannt werden können. Wenn wir ferner die bedeutende Zahl der Pflanzenversteinerungen im Rothliegenden mit jenen der Steinkohle und der sie begleitenden Glieder, den Thonschiefer mit eingeschlossen, der in Steiermark, Savoyen, den Alpen überhaupt viele Pflanzenabdrücke liefert, zusammenstellen, so wird uns die erste Inselflora der Vorwelt auch ansehnlicher erscheinen, als bisher; demohngeachtet dürfte, wenn auch nicht geläugnet werden kann, dass schon

in jener Flora exogéne Pflanzen vorhanden waren,
das von Brongniart angenommene Zahlenverhält-
niss nicht bedeutend gestört, und die Zahl der Farnkräuter immer noch die vorherrschende bleiben.

An die erfreulichen Erscheinungen, welche in
dieser Beziehung unsere Literatur darbietet, schliessen sich neuerdings die beiden oben genannten Werke
an. Wir zeigen sie hier neben einander an, da
sie beide ähnliche Gegenstände, wenn gleich auf
verschiedene Weise, behandeln. Von dem ersteren,
das bereits vor einem Jahre angekündet worden,
sind bis jetzt nur 3 Hefte erschienen; die Verfasser
halten sich streng an das, was der Titel verspricht,
sie entwerfen weder Definitionen von Gattungen,
noch von Arten, sondern bemühen sich vorzüglich,
wo möglich die Charaktere der Familien festzustellen.
Wo sie nicht mit Gewissheit absprechen können,
lassen sie das Zweifelhafte lieber unentschieden, als
dass sie ein voreiliges Urtheil fällten, wie sie denn
auch im Widerspruch die grösste Urbanität beobachten. — Der Verf. des zweiten Werkes hat es gleichsam für nöthig erachtet, sich ein neues System zu
bilden, um diese Pflanzen unter veränderten Benennungen in eigens gebildeten Familien und Gattungen
unterzubringen. Sämmtliche Versteinerungen werden in 3 Familien und 7 Gattungen eingeschaltet,
die Aufstellung oder das System ist ein durchaus
künstliches, die Abbildungen sind genau und die
Beschreibungen so deutlich, als es die Versteinerungen nur immer zulassen.

Wir wollen nun den Inhalt beider Werke in
Kürze anführen, und mit ersterem beginnen:
. . Tab. I. *Pinites Brandlingii Wilh.* observ.
up. Foss. veget. p. 31. t. 4. f. 1. 2. 3. 4. — Dieser
Riesenstamm von 72′ Länge, und 4′ 9″ an dem
untern, 18″ an dem obern Ende Dicke wurde in einem Steinbruch der obersten Schichte des Steinkoh-
len-Sandsteins zu Widopen, nächst Gosforth, 5
Meilen, von Newcastle-upon-Tyne entdeckt. Der
Besitzer des Steinbruchs, B r a n d l i n g, liess den
ganzen Baum entblössen, damit er von den Naturforschern untersucht werden könne. Er war bis
etwa 4 Schuh von seinem obersten Ende ganz versteinert, aus eisenschüssigem braunem Quarz bestehend, mit weissen chalcedonartigen Adern durchzogen, und lag in einer Mulde des gewöhnlichen Sandsteins. Ringsherum war der Stamm mit ockrig gel-
ber Materie umgeben, in welcher man Reste von
Holzfasern bemerkte, und diese war wieder von
einer schwarzen, abfärbenden, milden Materie ein-
gefasst, beide jedoch unvermischt, und in beide
auch der breit gedrückte Gipfel aufgelöst. Diess
führt zu dem Schlusse, dass der Baum schon zum
Theil aufgelöst war, als die Versteinerung begonnen, und dass die gelbe Materie die Holzfaser, die
schwarze aber die Rinde darstelle. Aeste wurden
keine gefunden; wohl aber Astknoten am Stamme·
Trotz aller Behutsamkeit bei der Herausnahme ging
er doch auseinander, so dass das grösste Stück nicht
mehr als 18″ lang ist. Calamiten kommen hier

viele vor, und 7' tiefer eine schmale Lage Steinkohle. Es ist ein grosser Unterschied zwischen diesen und den gewöhnlichen Pflanzenabdrücken in den
Kohlenschiefern, welche, schnell zusammengepresst,
und geringen Widerstand leistend, keine Spur ihrer
innern Textur beibehalten, indessen jene durch ihren Widerstand einer langsamen Verwandlung Raum
gaben. Die konische Form und die Vertheilung der
Aeste nach Ansicht der Astknoten lassen in dem
erwähnten Namen eine exogene Pflanze erkennen,
und der Querdurchschnitt deutet auf eine Conifere,
doch haben die Verf. keine concentrischen Ringe entdecken können, und der Längendurchschnitt durch
das Mark schien ihnen gleichfalls etwas abweichend.
Bei den Coniferen sind bekanntlich die Wände der
Holzfasern mit porenartigen Glandeln besetzt, durch
welche man sie von allen andern jetztweltlichen
Pflanzen unterscheiden kann, ausser von den Cycadeen (vergl. Kieser t. 15. f. 74. b. c.), diese sind
aber an dem vorliegenden Stamme nicht zu sehen,
im Gegentheil erscheinen die Wände netzartig (re-
ticulated) mit hexagonen Maschen ausgekleidet, wie
wir sie in keiner jezt lebenden Pflanze kennen.

Tab. II. *Pinites Withami.* — With. in the
Philosoph. Magazin and Anals for Januari. 1830.
The same observ. on foss. veg. p. 30. t. 3. f. 8. 9.
10. 11. 12. — Gefunden im Jahr 1826 in dem grossen Steinbruch zu Craigleith nächst Edinbourgh im
Sandstein ober der Kohlenformation. Der Stamm
war 36 Fuss lang, und hatte 3 Fuss im Durchmes-

ser; Aeste wurden keine gefunden, wohl aber Astknoten. Die versteinernde Materie war kohlensaurer
Kalk, der durch Krystallisation häufig die Textur
verschoben' hat. Der Querdurchschnitt nähert sich
sehr den Coniferen, jedoch lassen sich auch hier
keine concentrischen Jahresringe entdecken und die
zwei Längendurchschnitte zeigen dieselbe Abweichung,
wie die, vorhergehende Art.; Die Bestimmung ist
daher nicht wohl anzunehmen, doch wagen die
Verf. keine andere an deren Stelle zu setzen.

Tab. III. *Pinites medullaris.* — With. in
Transact. of the Natur. hist. Soc. of Northumber-
land. Vol. 1. p. 207. t. 25. f. 3 — 8. Dieses ebenfalls in dem Steinbruch von Craigleith im Jahr 1831
gefundene Aststück von ¼'' Durchmesser, welches
vielleicht zu dem bereits beschriebenen Baume gehört, ist dadurch merkwürdig, dass an ihm concentrische Jahresringe vorkommen, welche man an dem
Stammtheil nicht entdecken konnte. So sehr übrigens die Organisation mit den Coniferen überein-
stimmt, so zeigen sich dennoch auch hier Verschiedenheiten in den Verhältnissen.

Tab. IV. *Lepidodendron Sternbergii.* — *L.
dichotomum* Sternb. tent. p. 25. t. 1. und zum
Theil t. 2. Brongn. pródr. p. 85. — Aus dem Schieferthon, welcher das Kohlendach bildet, nächst
Newcastle. Die Abdrücke erscheinen nicht unmittelbar, sondern 15 — 20'' ober der Kohle. Calamiten und Lepidodendren kommen am häufigsten
vor, mitunter ansehnliche Stamme von 20 — 45''

Länge, der stärkste von 4½' Durchmesser. Zu ihrer
Vergleichung mit andern Pflanzen stehen dem Botaniker 4 Charactere zu Gebote: die Oberfläche, die
Blätter, die Verästelung und die Textur. Am nächsten stehen sie den Coniferen und Lycopodiaceen.
Was die Oberfläche anbetrifft, so haben sowohl die
Coniferen als die Lycopodiaceen grosse Aehnlichkeit in der Stellung der Blätter, und in den nach
ihrem Abfall zurückbleibenden Merkmalen, der Anheftung: Es lassen zwar auch die Coniferen, welche mehrere Blätter in einer Scheide besitzen, spiralförmig um den Stamm herumlaufende Eindrücke
an demselben zurück, aber bei weitem ähnlicher den
Lycopodiaceen sind die Coniferen mit einfachen Blättern, die *Araucarien*, *Cunninghamien*, die eine
rhomboidale Areola mit einem Eindrucke hinterlassen, und den Stamm gleichfalls spiralförmig umgeben. Einige Lycopodien, z. B. *clavatum*, *rigi-*
dum, *divaricatum*, möchten jedoch schon mehr
eine Tendenz zur wirteligen Stellung der Blätter
ausdrücken. — Dagegen ist die Verästelung der Coniferen von jener der Lycopodiaceen sehr verschieden. Bei den ersteren sind die Aeste gegenständig
oder wirtelig, bei den letzteren gablich und sich di-
chotomisch fortsetzend: Es ergibt sich hieraus, dass,
wie schon Brongniart nachgewiesen hat, dieses
Lepidodendron eine bei weitem grössere Aehnlichkeit mit den Lycopodien besitzt. Die innere Textur der Stämme ist bei beiden Familien sehr verschieden, die der Lepidodendren kennen wir jedoch

noch nicht, um sie damit vergleichen zu können. In der Höhe der Stämme kommen sie mehr mit den Coniferen überein, letztere lassen sich aber nicht so flach zusammendrücken, wie wir öfter die Lepidodendren finden. Aus Allem möchte sich der Schluss ergeben, dass diese vorweltlichen Pflanzen zwischen den Coniferen und Lycopodiaceen, und zwar diesen letzteren näher, gestanden haben mögen.

Tab. V. *Ulodendron majus Rhode* Beitr. zur Pflanzenk. der Vorw. T. 3. f. 1. — Tab. VI. *Ulodendron minus Allan* in Edinb. phil. Trans. vol. 9. p. 255. t. 14. *Lepidodendron ornatissimum Ad. Brongn.* prodr. p. 85. — Tab. X. et XI. *Lepidostrobus variabilis.* Wir nehmen diese 4 Abbildungen zusammen, weil die beiden getrennten Synonyme von R h o d e und B r o n g n i a r t zu S t e r n- b e r g s *Lepidodendron ornatissimum* gehören und auch die Früchte diesen Stämmen entsprechen sollen. Der neue Name, den die Verf. diesen Abdrücken zutheilen, soll nur als eine provisorische Bezeichnung angenommen werden. Nro. V. ist aus der Bensham-Kohle nächst Newcastle, Nro. VI. von South Shields in der Grafschaft Durham. Die Verf. scheinen in sich noch nicht einig, was sie aus diesen Abdrücken machen sollen; sie wären nicht abgeneigt, dieselben für ganz alte Lepidodendron-Stämme zu halten, bei denen sich die Ablösungsflächen durch den Zuwachs sehr erweitert haben, sie erklären dieselben ferner für stammblüthig und vermuthen in den Lepidostrobis die Früchte. Diese, von

denen mehrere : in sehr verschiedenen Formen gefunden wurden, gleichen in ihrem jugendlichen Zustande jungen Tannzapfen., dehnen sich aber in der
Folge aus, und ändern ziemlich ihre Gestalt. Sie
finden sich sehr häufig., aber immer lose, selten in
der, Nähe von Lepidodendren, öfter bei Piniten, und
Calamiten. Unter den vielen Exemplaren,. welche
die Verf. besitzen, befindet sich auch eines, das an
seinem untern Ende mit der Form der Anheftungs-
flächen so genau zusammenpasst, als wäre es eben
erst davon abgerissen worden. Brongniart erklärt
diese *Lepidostrobi* unzweifelhaft für Früchte von
Lepidodendron. Da jedoch, wie schon früher bemerkt wurde, die Lepidodendren den Lycopodiaceen
zunächst stehen, die Fructification der Lycopodien
aber in einer blossen Umwandlung der Blätter an
der Endspitze, der Zweige besteht, und die uns bekannten Endspitzen der Zweige von *Lepidodendron*
nie die Gestalt eines *Lepidostrobus* annehmen, so
behalten sich die Verf. vor, auf diesen Gegenstand
zurückzukommen, und empfehlen den Naturforschern
die grösste Aufmerksamkeit darauf zu verwenden,
eine solche Frucht mit der Mutterpflanze vereint
zu finden.

Tab. VII. VIII. *Lepidodendron acerosum*,
dilatatum, lanceolatum. — Kleine Endspitzen
von Zweigen aus der Gegend von Newcastle, welche zu zwei verschiedenen Arten oder verschiedenen Altersstufen einer Art gerechnet werden können, Eine ausführlichere Beschreibung mangelt.

Tab. IX. *Lepidodendron gracile.* — Aus dem
Schieferthon des Kohlendaches der Felling Colliery,
nächst Newcastle. Ein höchst niedliches Exemplar,
den Habitus von *Lycopodium squarrosum* nach-
ahmend; mit halb sichelförmig gekrümmten, feinen
Blättern, in der Verästelung ganz dem *Lepidodendron Sternbergii* ähnlich, nur in allen Verhältnissen kleiner und zärter.

Tab. XII. *Lepidodendron Selaginoides,* ebenfalls aus der Umgegend von Newcastle. Zu dieser
Abbildung werden sowohl die Synonyme der gleichnamigen Pflanze von Sternberg, und Brongniart, als auch *Palmacites incisus Schloth.* gezogen. Brongniart hat aus dem letzteren sein *L.
imbricatum* gemacht, indem er nachweist, dass die
Verschiedenheit der Schuppen sich auf Stamm und
jungen Aesten zusammenfindet. Ein besonders ab-
gebildeter, dichotomer Zweig scheint in der That
zwei in Fructification übergehende Aehren darzubie-
ten, welche allerdings von *Lepidostrobus* sehr
abweichen.

Tab. XIII. *Sphaenophyllum erosum,* aus
der Bensham-Kohle nächst Newcastle. — Die
Verf. glauben, dass diese Pflanze weder *Sph. truncatum* noch *dissectum Brongn.* sey, und bitten
recht sehr um Verzeihung, dass sie sich der Meinung dieses Matadoren der fossilen Flora nicht anschliessen können, indem sie selbst davon abgehen
müssten, dass diese Pflanze zu den Farnen gehört
habe. Es sey zwar richtig, dass die Blattnerven

gablich enden, wie es bei Farnen gewöhnlich ist, allein alle Sphänophyllen wären wirtelständig, und dieser Charakter sey den Marsiliaceen, denen sie Brongniart angereiht habe, fremd. Die Coniferen hätten ebenfalls dichotome Adern oder |Nerven auf ihren Blättern, welche wechselständig oder in Wirteln erscheinen, daher wären diese Pflanzen mit den Coniferen näher verwandt. Zur weiteren Bestättigung dieser Ansicht käme noch folgendes: Die Blätter der Sphänophyllen erweiterten sich gegen das obere Ende, gleichwie jene der *Salisburia,* einer Conifere, und wären ebenso geordnet. An einem sehr schönen Abdruck des *Sphaenophyllum Schlotheimii,* welches der Geologischen Gesellschaft verehrt wurde, schiene es, als wenn unter jedem Blatte eine „squamula befindlich wäre, wodurch diese Pflanze den Coniferen noch näher gerückt würde. Der Stamm eben dieser Pflanze sey tief gefurcht, und die Streifen stimmten genau mit den Blättern überein, was abermals ganz dem Charakter des Eibenbaums, der Fichte und anderer Coniferen entspreche. Sie halten daher die Sphänophyllen für Pflanzen, die in der Vorwelt die Coniferen der Jetztwelt repräsentirt hätten. (Der Abbildung nach scheint *Sphaenophyllum erosum* ein grösseres Exemplar von *Rotularia pusilla Sternb.* zu seyn.

Tab. XIII. *Asterophyllites tuberculata Brongn.* prodr. n. 6. *Brukmannia tuberculata Sternb.* t. 45. f. 2. — Im Schieferthon des Kohlendachs nächst Newcastle. Die Verf. sind in Verlegenheit dieser Pflanze einen Platz im Systeme anzuweisen; wäre sie gefurcht oder gestreift, so hätten sie keinen Anstand genommen, dieselbe unter die Calamiten zu rechnen. Die von den Verf. hieher als Synonym citirte Pflanze ist jedoch allerdings gestreift, die von Graf Sternberg gelieferte Abbildung derselben zeigt f. 1. auf dem Bruche selbst im Innern noch Spuren von Streifen, an dem übrigen Theil der Pflanze decken die zahlreichen, nach innen gekehrten Blätter den Stamm, so dass nichts als die ungestreiften Abgliederungen sichtbar bleiben. Auch Schlotheims Fl. der Vorw. 1. f. 2. ist sehr deutlich gestreift, und man muss daher bezweifeln, ob die angeführten Synonyme von den Verf. im Originale nachgesehen wurden.

Tab. XV. XVI. *Calamites nodosus.* — Schloth. Petrefk. p. 401. t. 20. f. 3. Brongn. hist. 1. 133. t. 23. f. 2. 4. C. *tumidus Sternb.* fasc. 4. p. 30. t. 51. f. 1. et *Volkmannia polystachya Sternb.* fasc. 4. p. 30. t. 51. f. 1. — Felling Colliery bei Newcastle. So häufig auch die Bruchstücke dieser Pflanze vorkommen, so schwer sind sie doch zu bestimmen. Sie scheinen ästig gewesen zu seyn, mit hohlen Stämmen, die sich leicht zusammen pressen liessen, und im Innern wahrscheinlich durch Querwände abgegliedert waren. Ihre Oberfläche zeigt Streifen, welche paarweise an der Abgliederung convergiren und sich in das phragma verlieren. Es wird die Frage aufgeworfen, ob diese Stämme wirklich aus Holz und Rinde bestanden, oder ob die

Kohlenrinde die ganze Oberfläche ausmache, da sie
nur von innen gestreift sey; die Verf. nehmen mit
Brongniart das Erstere an. Sie zweifeln übrigens
noch daran, ob die Abgliederungen wahre Phragmata gewesen; es könne wohl auch der Fall seyn, dass
sie die ganze Dicke des Stammes bezeichneten, und
nur die kleine innere Oeffnung die Höhlung an-
deute. Brongniart rechne diese Pflanzen zu den
Equisetaceen; allein, wenn wirklich Holz und Rinde vorhanden wäre, so könnten es auch keine endogenen oder monocotyledonischen Pflanzen seyn, in
keinem *Equisetum* lasse sich das Innere von dem
Aeussern trennen. Es sey eine Frage, ob die angeb-
lichen Scheiden nicht Blätterwirtel gewesen seyen,
wie sie hier an Zweigen, die aber vom Stamme getrennt sind, dargestellt werden. Solche Zweige würden häufig nächst und mit den Calamiten gefunden,
aber vereint mit dem Stamme seyen sie noch nie
getroffen worden, die Frage müsse daher noch unentschieden bleiben. Die Bestimmung der Arten sey
noch schwieriger, da die Kennzeichen, die man bisher zu ihrer Begründung anwandte, oft wohl nur
Verschiedenheiten des Alters andeuten mögen. Graf
Sternbergs *Volkmannia polystachya*, vielleicht
von dem Zeichner etwas verschönert, dürfte wahrscheinlich Tab. 10. darstellen. Wir erinnern hierbei, dass allerdings eine Aehnlichkeit Statt finde,
nur sind bei jener die Wirteln dicht angedrückt
und bilden kurze walzenförmige Aehren, bei dieser
aber erscheinen sie ausgebreitet mit längeren Aesten,
so dass sie auch geschlossen eine andere Form ha-

ben würden. Diess möchte übrigens nur eine Art.
Verschiedenheit andeuten.

Tab. XVII. et Tab. XIX. f. 2. *Asterophyllites grandis*. Felling Colliery nächst Newcastle.
Ein Bruckstück eines baumartigen nicht gestreiften
Stammes (insofern die obere Lage nicht in dem Hohl-
abdruck zurückgeblieben, wie es an der gestreiften
Abgliederung das Ansehen hat) mit wirtelig ober
der Abgliederung auslaufenden Aesten, auf welchen
pfriemenförmige, spitze Blättchen, ebenfalls in Wirteln stehen.

Tab. XVIII. *Asterophyllites longifolia Brongn.*
prodr. n. 4. *Brukmannia longifolia Sternb.* fasc.
4. t. 58. f. 1. Aus den Jarrow Kohlengruben. Diese Pflanze wird dem *A. tuberculatus* zur Seite gestellt. Von den angezogenen Synonymen unterscheidet sie sich jedoch durch schlaffe ausgebreitete Wir-
telblätter, welche bei der *Brukmannia* steif, gerade
aufstehend und viel länger sind: ein Habitus, den
alle Brukmannien behaupten.

Tab. XIX. f. 1. *Bechera grandis Sternb.*
t. 49. f. 1. *Asterophyllites dubia Brongn.* prodr.
n. 10. — Mit der vorigen. Die Verf. halten diese
Pflanze von *Asterophyllites* wegen ihrer Streifung
und hervorstehenden Abgliederungen ganz verschieden, getrauen sich jedoch zur Zeit noch nicht, über
ihre nähere Verwandtschaft mit jetztlebenden Pflanzen zu urtheilen.

Tab. XX. *Phragmata Calamitum.* Es werden hier zwei gesonderte Abgliederungen von Calamiten abgebildet, wie sie in den Eisensteinnieren

nächst der Bensham-Kohle gefunden werden. Vereinzelt könnte man sie für ein *Adiantum renifor-
me* ansehen, nur, dass die Streifen nicht gablich sind;
sie bilden am Rande gleichsam eine Zahnung, und
von den Furchen laufen die Striche concentrisch gegen die Mitte. Eine Organisation im Innern lässt
sich nicht bestimmt bemerken und daher auch nichts
Näheres sagen. (Ueber diese Zweifel wird man in
der Anzeige von Cotta's Dendrolithen näheren
Aufschluss finden.)

Tab. XXI. Ein ganz auseinandergedrücktes Exemplar von *Calamites*, welches blos desswegen vorgestellt wird, um die Organisation der äussersten
Pflanzenhaut zu zeigen.

Tab. XXII. *Calamites Mougeotii Brongn.*
hist. 1. p. 137. t. 25. f. 4. 5. nach einem Exemplar
von Henry Witham aus dem Sandstein des Edin-
burger Kohlenfeldes. Es ist diess das erste bis jetzt
bekannt gewordene Exemplar mit Aesten (obgleich
man schon viele mit weit stärkeren Astknoten kennt);
sie entstehen unmittelbar aus der Abgliederung, haben dieselbe walzenförmige Form wie der Stamm,
und sind gleich diesem abgegliedert, in der Mitte
etwas verdickt. Bei einem dieser Aeste erscheint
an der dritten Abgliederung ein Nebensprosse, der
sich in eine lange Spitze verläuft. In dieser Hinsicht gleichen die Calamiten den endogenen Pflanzen
der Jetztwelt, wie der Arrow-root-*Sagittaria?* oder
einigen Cyperaceen mit unterirdischen Stolonen; und
weichen sonach von den Equisetaceen ab.

. (Verfolg im nächsten Blatt.)

Literaturberichte

zur

allgemeinen botanischen
Zeitung.

Nro. 8.

Eichwald.

16) Vilnae, sumtibus auctoris 1831; Lipsiae apud **Leop. Voss** etc.: *Plantarum novarum vel minus cognitarum, quas in itinere caspio-caucasico observavit* Dr. **Eduard Eichwald** Coll. a Cons. P. P. O' etc. *fasciculus I.* Accedunt XX tab. lithogr. 18 S. in gr. fol.

Obgleich die Reise des Herrn **Eichwald** nach den auf dem Titel genannten Gegenden mehr zoologisch und geognostisch als botanisch war, so ist die Pflanzenkunde doch auch nicht leer ausgegangen und Herr Staatsrath v. **Ledebour**, so wie Herr Dr. C. A. **Meyer** haben die Untersuchung und Beschreibung der neu entdeckten Arten übernommen. Die Zeichnungen sind von dem durch **Ledebour's** Icones berühmten Zeichner Herrn **Bommer** trefflich auf Stein ausgeführt. Nach den, in der Vorrede mitgetheilten, Nachrichten unternahm der Verf. die Reise in den Jahren 1825 und 26. Sie ging auf dem Schiffe Hercules im Mai von Astrachan aus die Wolga hinab, bis zu ihrem seichten sandigen Ausflusse (Rakuscha). Die auf diesem We-

ge gesammelten Pflanzen werden in alphabetischer
Ordnung mit Auszeichnung der neuen Arten aufgezählt, wie es später auch mit-den an den wichtigsten Punkten der Reise beobachteten geschieht.
Von der Rakuscha aus nahm der Verf. seinen Weg
an der östlichen Küste des kaspischen Meeres hin
nach dem Hafen Tjuk-Karagan. Hier sammelte er,
besonders auf dem Gebirge, welches die Turkoman-
nen Amu nennen. Das Schiff segelte nun bei den
Kulal-Inseln vorbei nach der heiligen Insel (Swae-
toi ostroff), die sehr unfruchtbar ist. Die Fahrt
ging sodann nach der Westküste des kaspischen
Meeres und der Verf. bemerkt, dass die Vegetation
derselben mehr europäisch, die der Ostküste dagegen mehr asiatisch ist. Hierauf begab sich Herr E.
nach Derbend, in der Nähe der portae caspiae, wo
fast alles durch grosse Trockenheit verbrannt war
und nur an den Abhängen und in den aus Eichen,
Pappeln, Erlen bestehenden Wäldern einige Arten
gesammelt werden konnten. Nach Süden schiffend,
wurde dem Castell von Baku gegenüber angelegt,
auf einer höchst öden, durch eine Art kleiner Vul-
kane und Naphtaquellen ausgezeichneten Küste, von
welcher aus der Verf. die Insel Nargin und dann,
nach Osten segelnd, die Insel Tschelekän untersuchte. Von hier aus erreichte das Schiff den Busen
von Balchan, dem hohen gleichnamigen Gebirge gegenüber, und es wurde diese Gegend genauer erforscht, obschon die Pflanzen durch die Hitze des
vorgerückten Sommers sehr gelitten hatten. Am

27. September segelte, der Herkules südlich nach
der Halbinsel Dardsha und in den Hafen, der jetzt
den Namen Minkischlaki führt. Nach einem durch
widrigen Wind veranlassten Aufenthalte gelangte
der Verf. in den Meerbusen von Astrabad, der einige interessante Pflanzen darbot. Hierauf wurden
Medschet-osär, zwei Tagreisen von Balfrusch in der
persischen Provinz Masenderan, und der Hafen von
Ensell berührt. Von hier aus wollte der Verf. die
Alpen von Ghilan untersuchen; wurde aber durch
die Küstenbewohner und den Chan nicht aufgenommen. Durch Stürme verschlagen konnte das Schiff
erst am 30. Oktober die Umschiffung des kaspischen
Meeres vollenden, und im Angesichte der Stadt Baku die Anker werfen. — Die Fortsetzung des Rei-
seberichts wird für den nächsten Faszikel zugesichert
und es werden 3 — 4 derselben, wie verlautet, zu
erwarten seyn. In dem vorliegenden, werden 20,
fast sämmtlich neue Arten, beschrieben und abgebildet.
Es sind die folgenden:

1. *Quercus castaneaefolia* C. A. Meyer. t. 1.
Ein ausgezeichnet schöner, obschon nur mit Früchten und zwar in der Prov. Masenderan beobachte-
teter Baum mit glatter Rinde, länglich-lanzettlichen,
unten wolligen, grob und stachelig gezähnten
Blättern; dichten, linien-lanzettlichen, zurückge-
krümmten Schuppen der Schaale und länglich wal-
zenrunder Eichel.

2. *Alnus denticulata* C. A. Meyer. t. 2. Mit
der vorigen wachsend als hoher Baum. Aestchen

und Blattstiele glatt; Blätter verkehrt eyrund
stumpf, gezähnt und klebrig; die Schuppen der
Früchte drüsig-rauh. Sonst der *glutinosa* verwandt. Mit Früchten und jungen männlichen Kätz-
chen gefunden.

-3. *Onosma stamineum Ledeb.* t. 3. Durch
vorstehende Beutel und Spitzen der Träger ausgezeichnet. Von der Meeresküste bei Tjukkaragan.

4. *Heliotropium ellipticum Ledeb.* t. 4.
Auch an der Seeküste, aber bei Krasnowodsk. Einjährig, dem *H. europeum* und *supinum* ziemlich
verwandt, aber die Samen glatt und die Kelche
stehenbleibend.

5. *Heliotropium dasycarpum Ledeb.* t. 5.
Sehr sparrig-ästig mit entfernt stehenden Blüthen
und wolligen Früchten. Trägt ganz den Steppen-
habitus an sich, und wächst mit dem vorigen.

6. *Echinospermum tuberculosum Ledeb.* t. 6.
Auf den Wolgainseln, südlich von Astrachan. Durch
hakig-höckerige Früchte zu erkennen. Einjährig.

7. *Convolvulus erinaceus Ledeb.* Taf. 7.
Strauchartig, an der Küste von Tjuk-karagan wachsend. Stark und sparrig-ästig, seidenartig, mit linienförmigen Blättern, die am Stengel lang, an den
Aesten und Aestchen klein sind, Blüthen einzeln,
ohne Deckblätter, die elliptischen Kelchblätter und
die 5spaltige Krone seidenartig.

8. *Tamarix augustifolia Ledeb.* Taf. 8. Eine ächte *Tamarix*; die Unterabtheilung lässt sich
kaum bestimmen, da über die hypogynische Scheibe

nichts angegeben ist. Von *T. africana* soll sie sich durch
endständige, entfernt blüthige Trauben und schmale Blätter unterscheiden. Vom Seeufer bei Derbend.

9. *Cachrys amplifolia* *Ledeb.* Taf. 9.
Eine sehr ansehnliche, der *involucrata* verwandte
Art; von der Küste bei Baku.

10. *Bupleurum gracile MB.* Taf. 10. Von
der Küste bei Astrabad. Als Odontites in dem
Supplementbande zur Flora taur. cauc. beschrieben,
aber, nicht die gleichnamige D'Urville'sche Pflanze

11. *Bupleurum subpinnatum Ledeb.* Taf. 11.
Mit der vorigen, ein- oder zweijährig. Stark rispig-
ästig, mit sehr langen linienförmigen Stengelblät-
tern, und untern, merkwürdigerweise Rudimente
von Fiedern, zeigenden Blättern; die der Aeste
schuppenartig, die Hüllblättchen eylanzettlich, spitz,
kürzer als die Blüthenstiele, die glatten Karpellen
mit, stumpf erhabenen Rippen und einmalgestreiften
Thälerchen.

12. *Salsola anomala.* *C. A. Meyer.* Fig. 12
Von Krasnowodsk, vermuthlich jährig. Mit schar-
fem verwirrt ästigem Stengel, zerstreuten pfriemigen
stechenden Blättern und einzelnen Blüthen mit etwas spitzen, auf dem Rücken höckerig verdickten
Kelchblättchen und einfacher kopfförmiger Narbe.
Ausgezeichnet!

13. *Schoberia microsperma* *C. A. Meyer.*
Taf. 13. Wahrscheinlich *Suaeda prostrata Pall.*
und *Chenopod.?* *prostratum Schult.* syst. Mit
der vorigen.

14. *Zygophyllum Eichwaldi C. A. Meyer.*
Taf. 14. *Z. coccineum Lepech.* it. (non alior).
Von diesem schon durch flache Blätter und stumpfe
Petala etc. verschieden. Aehnlicher dem *Z. macu-latum Ait;* aber krautartig, Blätter schmal-linien-förmig, und durch Färbung der Blumenblätter ab-weichend. An mehreren Stellen der Küste des kas-pischen Meeres.

15. *Peganum crithmifolium Retz.* Taf. 15.
Diese ausgezeichnete Art war noch nicht abgebildet.
Sie scheint mit Unrecht von De Candolle als Ab-art des *P. Harmala* aufgeführt zu werden. Ist
strauchartig und bei Krasnowodsk und Tjukkaragan
gesammelt.

16. *Delphinium divaricatum Ledeb.* Taf. 16.
D. pubescens Henning von DC., scheint aber sehr
wenig von letzterem durch stärkere Verästelung,
geringere Behaarung und minder getheilte Blätter
abzuweichen. An der Wolga und dem Don.

17. *Orobanche glabrata C. A. Meyer.* T. 17.
Aus Kachetien, der *O. caryophyllacea* nahestehend.

18. *Phelipaea (Kopria) pulchella C. A.
Meyer.* Taf. 18. Von allen bekannten sehr ver-schieden. Aus Imerethien. Leider fehlt an dem dar-gestellten Exemplar die Basis des Stengels.

19. *Isatis (Glastrum) brachycarpa C. A.
Meyer.* Fig. 19. Diese am Goktschai-See in Armenien
aufgenommene Art zeichnet sich von den bekannten
durch glatte, elliptische, an beiden Enden spitze,
nur einmal so lange als breite, auf dem Discus
gleich dreifaltige Schötchen besonders aus.

20. *Andrachne rotundifolia* **C. A. Meyer.**
Taf. 20. An der Ostküste des kaspischen Meeres.
Von der *A. telephioides* durch kleine schildförmige
einfarbige Nebenblätter und von *A. orbiculata Roth*
durch krautartige Stengel verschieden.

Die Beschreibungen dieser Gewächse sind kunst-
gerecht, die Darstellungen schön und deutlich, meist
mit Zergliederungen der Blüthen- oder Fruchttheile
versehen. Das Aeussere ist überhaupt sehr geschmackvoll und alles macht die baldige Fortsez-
zung und Beendigung dieser wichtigen Schrift
wünschenswerth. z.

_____

(**Verfolg der Recensionen** Nro. 14. 15. über
Lindleys *fossil Flora of the great Britain*
und **Cotta's** *Dendrolithen*.)
Tab. XXIII und XXIV. *Peuce Witham.*
Bruchstücke, die vielleicht mehr als einer Art an-
gehören; aus dem Sandsteinbruch bei Hill-Top, 4
Meilen von Durham. Die beim Querdurchschnitt
sich zeigende Organisation gleicht jener von *Pinites
With.*, der Längedurchschnitt nähert sich jedoch
mehr der Weimuthsföhre (Pinus strobus), und möchte daher den Coniferen entsprechen. Um diese
Pflanze von den Piniten der jüngern Formation zu
scheiden wird ihr der Gattungsname *Peuce* gegeben.
Tab. XXV. f. 1. *Asterophyllites foliosa,* aus
dem Kohlendach von Bensham. Die Wirteln bestehen aus 8 — 10 Blättern, diese sind lanzettförmig zugespitzt, etwas sichelförmig aufwärts gebogen,
die Mittelrippen kaum sichtbar, die fadenförmigen

Aeste gegenständig, der Stengel gestreift, die Abgliederungen wenig verdickt. Die Pflanze gleicht einigermassen einem ausgewachsenen Spargel, doch letzterer besitzt wechselständige Blätter, oder vielmehr folia fasciculata verticillata. Näher stünde sie der Familie der Sternblumen. Von *A. rigida* und *diffusa Brongn.* erscheine sie hinlänglich verschieden. Graf Sternberg's Tab. XIX. f. 3., ein nicht hinreichend deutliches Exemplar, dürfte, unsers Bedünkens, eine nahverwandte Art anzeigen.

Tab. XXV. f. 2. *Asterophyllites galioides,* aus dem Barnsly Kohlenfeld. Ein einzelnes Aestchen einer der vorigen nahe verwandten Art, mit lanzettförmigen, zugespitzten, kürzeren Blättchen, deren Mittelrippe deutlich hervortritt. Uebrigens ähnelt sie sehr dem *Galium maritimum* oder *murale,* doch lässt sich über den Gattungscharakter dieser Pflanzen nichts festsetzen.

Tab. XXVI. *Lepidostrobus ornatus Brongn.* prodr. p. 87. Parkinson org. remains vol. I. Tab. IX. f. 1., von Barnsley. Diess sey die Originalspecies, auf welche Brongniart die Gattung gegründet habe, sie lasse sich von *Lepidostrobus variabilis* Tab. X. und XI. schwer unterscheiden; sonder Zweifel sey es ein Conus oder Strobilus mit Schuppen auf der centralen Axe von conisch oder cylindrischer Gestalt. Ein gut erhaltener Same scheint flügellos und ablang (an beiden Enden stumpf) zu seyn; doch lässt sich über diese Frucht nicht wohl eher etwas sicheres bestimmen, als bis

wir sie in Verbindung mit einem Aste oder mit
Blättern finden.

,Tab. XXVII. *Sphaenophyllum. Schlotheimii
Brongn.* 'prodr. pag. 68. *Palmacites verticilla-*
tus Schloth. Fl. d. Vorw. f. 24. Es wird die schon
bei Tab. XIII. ausgesprochene Meinung wiederholt,
dass die Sphänophyllen zu den Coniferen· gehören
dürften, und zum Vergleich der Verästelung der
Nerven ist ein Blatt der *Salisburia* (Ginko biloba)
abgebildet. Ohne Kenntniss der Fructification lässt
sich jedoch darüber nie ein sicheres Urtheil fällen.

Tab. XXVIII und XXIX. *Noeggerathia flabel-*
lata, im Schieferthon am Saum der Bensham Kohle
in Jarrow·Kohlengrube. Das unganze gefiederte
Blatt schien aus 6 bis 7 Paaren bestanden zu haben; die einzelnen Fiederblättchen sind keilförmig,
am untern Ende schmal zulaufend, an dem obern
Ende wellenförmig, seicht gelappt und gezahnt.
Sie scheinen fächerförmig von ungleicher Breite gewesen zu seyn. Da die Nerven nicht-gablich erscheinen, so könne diese Pflanze weder· zu den Coniferen, noch zu der auch durch andere Merkmale, ge-
sonderten *Cyclopteris digitata Brongn.* gehören.

* * *

Die reichhältige Sammlung von 500 geschliffenen Staarsteinen des Hrn. Oberforst-Raths Cotta
in Tharand ist sowohl durch Reisende, als durch
die von Dr. Anton Sprengel beschriebenen Psa-
rolithen bekannt. Der Sohn des Oberforstraths, ein
junger· hoffnungsvoller Pflegesohn der Naturwissen-

schaften, hat nunmehr die verdienstliche Arbeit un-
ternommen, die vorzüglichen Exemplare systematisch zu bearbeiten, wodurch für die nähere Kenntniss der Flora der Vorwelt manche berichtigende
Ansicht gewonnen werden kann, wie man sich aus
der nachfolgenden kurzen Anzeige, wird überzeugen können.

In der Einleitung lässt sich der Verfasser auf
allgemeine geognostisch und botanische Ansichten
der Vorwelt ein, und bringt die vorweltlichen
Pflanzen unter drei Abtheilungen, als: a) blosse
Abdrücke, meistens nur in mechanisch gebildetem
Gestein; b) versteinert im engeren Sinne des Wortes, wo an die Stelle des Pflanzenkörpers ein Stein-
körper getreten, an dem die inneren Organe der
Pflanze noch kenntlich sind; c) der Substanz nach
wenig verändert aber von Steinmasse umschlossen.
(Braunkohle.) Die wirklich in Steinmasse umge-
wandelten Pflanzentheile, mit welchen sich der Verfasser am meisten beschäftigt hat, bedingen im
Ganzen mehr chemisch gebildete Gesteine z. B.
Hornstein, Chalcedon, Opal etc.; fast nur Stamm-
theile sind es, welche man auf diese Art umgewan-
delt findet. Ihr Inneres zeigt oft mit bewunderungs-
werther Deutlichkeit auch die feinsten Pflanzenor-
gane wohlerhalten und kenntlich, was um so merkwürdiger ist, da man daraus schliessen muss, dass
die Beschaffenheit dieser einzelnen Organe einen gewissen Einfluss auf die Art, Farbe und Dichtigkeit
des sie nachbildenden Gesteins gehabt habe, denn

sonst würde es nicht möglich seyn, sie in der Steinmasse wieder zu erkennen, welcher doch eigentlich
ein solcher Organismus ganz fremd ist. Die verschiedenen Einwirkungen der organischen Gefässe
auf die Färbung der Steine werden nun durch Beispiele und Abbildungen erläutert. Diese Einwirkungen der organischen pflanzlichen Materie auf die
Steinbildung, parallel betrachtet mit der Bildung
von Kiesel-Erde durch Exsudation organischer Stoffe auf den Schaalthier-Versteinerungen, welche L e o-
pold von Buch und Alexander Brongniart
so bestimmt nachgewiesen haben, sind für die Na-
turforschung von bedeutender Wichtigkeit. Eine
zweite Beobachtung des Verfassers in dieser Hinsicht verdient ebenfalls von den Naturforschern gewürdigt und geprüft zu werden, wir wollen sie mit
seinen eigenen Worten anführen: „Diese verschiedenen Arten von Umwandlung der zwischen den
Gebirgsschichten begrabenen Vegetabilien haben
mich auf den Gedanken gebracht, ob nicht ähnliche Verschiedenheiten, wie sie die Umwandlungen
im Einzelnen zeigen, sich ganz im Grossen nachweisen lassen, und ich bin nicht abgeneigt, zu glauben, dass sich in der Natur auch ausser den Braun-
und Steinkohlenflötzen grosse Niederlagen fossiler
Vegetabilien finden, besonders hat mich in diesem
Glauben die Gegend von Rüdigsdorf bestärkt, welche meiner Ansicht nach ein solches in Hornstein
umgewandeltes Lager von Pflanzen der Vorwelt,
entsprechend einem Steinkohlenlager, enthält. Auch

am Windberg und bei Schweinsdorf im Plauen-
schen Grunde habe ich Spuren eines solchen Lagers
bemerkt. An beiden Orten sind mehrere Schichten
des Hornsteins gänzlich mit Abdrücken und mit
dichten Massen erfüllt, welche im Inneren eine un-
deutliche vegetabilische Struktur nicht verkennen
lassen." Auch bei dieser Stelle müssen wir erinnern, dass auch Leopold von Buch die Entstehung der Hornsteine im Sand von dem Zutritt organischer Materie ableitet.

Es wird nun auf die Schwierigkeit specieller
Bestimmungen hingewiesen, welche dadurch entsteht,
dass bei den Versteinerungen fast immer die äussere Rinde ganz fehlt, bei den Abdrücken in dem
mechanisch-gebildeten Schieferthon dagegen gewöhnlich nur die Rinde und keine Organisation des Innern sichtbar ist, wodurch es freilich leicht möglich wird, die Pflanzen des rothen Sandsteins und
der Steinkohle, welche zu ein und derselben Vegetation gehören, und zum Theil gewiss dieselben
seyn werden, unter verschiedenen Benennungen anzuführen. Es kann daher wohl jede Bestimmung
nur eine relative und wahrscheinliche seyn; doch
auch diese kann Aufklärung gewähren und in diesem Sinne werden die vorhandenen Versteinerungen
in drei Familien abgetheilt: als der *Rhizolithen,*
wahrscheinlich Farne, *Stipiten* vermuthlich Palmen, und einer noch problematischen Abtheilung,
welche zwischen den Endogeniten und Exogeniten
mitten inne zu stehen scheint, mit einem Gegensatz

von Holz und Mark, wie es sich aus der nachfolgenden Classifikation ergeben wird.

Die Definitionen der Familien und Gattungen
so wie die Beschreibungen der Arten werden in lateinischer und deutscher Sprache gegeben, da aber
diese ohne Ansicht der Abbildungen nicht wohl genügen möchten, so müssen wir uns begnügen, sie
nur kurz zu bezeichnen und auf das Werk selbst
zu verweisen, welches wohl jedem, der sich mit
der Flora der Vorwelt befasst, als unentbehrlich
erscheinen wird.

'Die erste Familie, Mittelstöcke, *Rhizomata*
(Rhizolithes) enthält Stämme ohne Jahrringe und
Spiegelfasern, bestehend aus einzelnen Gefässbündeln,
welche mit deutlichen Wänden umgeben sind, und
meist im Innern besondere Abzeichnungen enthalten: Diese erste Familie wird aus drei Gattungen
gebildet, welche *Tubicaulis*, *Psaronius* und *Porosus* genannt werden.

Der Gattungscharacter von *Tubicaulis* wird
folgendermassen festgesetzt: Grössere und kleinere
röhrenartige Gefässbündel mit deutlichen Wänden
bilden den Stamm. Die grösseren stehen entfernt,
unconvergirend, und enthalten im Inneren einen
zusammengedrückten Schlauch, welcher im Quer-
schnitt eine bestimmte Figur zeigt. Zur Vergleichung wird der Mittelstock von *Aspidium Filix
mas* abgebildet. T. B. f. 2.

1) Die erste Spec. *Tubicaulis primarius* (Eu-
dogenites solenites Sprengel Psar.) zeigt in den grös-

seren Gefässbündeln mit zusammengedrücktem
Schlauch eine Abzeichnung in Gestalt eines I oder
H. T. I. f. 1. 2. Sprengel hatte diesen Abdruck
mit dem folgenden verbunden, er stammt aus dem
zum rothen Sandstein gehörigen Thonstein bei Flöhe, ohnweit Chemnitz.

2) *Tubicaulis solenites.* In den grösseren Gefässbündeln ein zusammengedrückter Schlauch von
der Gestalt eines nach der Peripherie geöffneten C. T.
II. f. 1. 2. 3. Diese Species ist dieselbe, welche
von Schippan gefunden und von Breithaupt
in der Isis Vten Heft 1820 als eine Palme beschrieben und abgebildet wurde, die aber, wie auch schon
Sprengel angegeben hat, gleich der vorhergehenden zu den Farnen gehört. Das grössere nach unten verdickte Exemplar befindet sich in der akade-
mischen Sammlung zu Freiberg. Ihr Vorkommen:
mit der vorhergehenden bei Flöhe.

3) *Tubicaulis? ramosus.* Die Gefässbündel
stehen dicht beisammen und enthalten einen zusammengedrückten Schlauch, welcher durchschnitten
ein nach der Mitte geöffnetes, schwach zusammen-
gedrücktes C. zeigt. T. III. f. 1. 2. 3. Die zwei
vorhandenen Exemplare in dem Königl. Museo zu
Dresden und in Freiberg sind so dünn geschnitten,
dass man nicht beurtheilen kann, ob die Gefässbündel parallel oder convergirend stehen; die Gattung
bleibt daher einstweilen zweifelhaft. Die mittleren,
sonderbar verzweigten Gefässbündel sind von den
zwei vorhergehenden sehr abweichend. Fundort:
unbekannt.

4) *Tubicaulis dubius.* Gefässbündel von der Dicke eines Rabenfederkiels enthalten zusammengedrückte Schläuche von der Gestalt eines nach der Peripherie geöffneten C. T. 1. f. 3. 4. Diese Definition stimmt mit Nro. 2. ganz überein, die Abbildungen sind aber nicht bloss durch die Grösse der Gefässbündel, sondern auch durch die Form der zusammengedrückten Schläuche die in T. II. f. 2. ⊃. nach innen, T. I. f. 4. C. nach aussen gekehrt sind, verschieden. Der Fundort wahrscheinlich Flöhe.

Genus II. *Psaronius.* Den Stamm bilden parallele Gefässbündel mit deutlichen Wänden; sie sind entweder mehr rund und röhrenförmig, oder breit und bandartig; die ersteren enthalten im Innern kleine Sternsäulen, die letztern sind mit gleichmässigerm Zellgewebe erfüllt. — Die sogenannten Madensteine werden mit den Durchschnitten der baumartigen Farne bei Sternberg und Brongn. verglichen: jene mit Wänden umgebenen Gefässbündel möchten wohl den Blattstielen entsprechen, welche sich von der Wurzel aus zu einem Stamm vereinigen, und auf diese Weise parallel in die Höhe wachsen.

1) *Psaronius Asterolithus.* (Endogenites asterolithus Sprengel. Palmacites mocroporus Sternb.? Sternstein Schulz, Starry-Stone Parkinson, vulgo Staarstein). Unregelmässig cylindrische Gefässbündel stehen dicht beisammen, und enthalten im Innern eine gewöhnlich mit einer zelligen Wand umgebene 4 bis 9 strahlige Sternsäule, welche im Durchschnitte viele Poren zeigt. Auch der übrige Theil des Gefässbündels ist mit grösseren und klei-

nern 'Poren' erfüllt, so dass immer die grösseren
von einem Kranz von kleineren Poren umgeben,
sind. Tab. IV. f. 1. 2. 3. 4. Fundort: Chemnitz
und Neu-Paka in Böhmen im Gebiete des rothen
Sandsteins der östlichen Kohlenformation.

2) *Psaronius helmintholithus*. (Endogenites
helmintholithus Sprengel. Palmacites microporus
Sternberg? Wurmstein Schulz.) Die Gefassbündel
in der Mitte bandförmig, gegen die Peripherie hin
röhrenförmig vergl. T. V. VI. mit 9 Figuren, wo-
mit die Abbildungen bei S p r e n g e l, P a r k i n s o n,
W a l c h zu vergleichen sind. Der äussere Theil des
Stammes dieser Spec. wird gemeiniglich Staarstein,
der innere aber, wegen der mannigfach gekrümmten Gestalt der durchschnittenen bandförmigen Gefässbündel, Madenstein genannt. Aus der Betrachtung vieler verschiedenartigen, zu dieser Sp. gehörenden Exemplare scheint hervorzugehen: die normale Gestalt der röhrenförmigen Gefässbündel sey
die ovale, und ihre normale Stellung so, dass die
Längenaxe des Ovals radial im Stamme liegt. Die
Trennung dieser Spec. von der vorhergehenden wird
nicht nur durch die Verschiedenheit der Gefässbündel, welche Sternsäulen führen, sondern auch dadurch nothwendig, dass die bandförmigen Gefässbündel, auch in den vollständigsten Exemplaren der
vorigen Spec., jederzeit fehlen, wie z. B. ein mit
Nro. 1505 bezeichnetes Exemplar im Dresdner Museo beweist. Man findet diese Species nur in den
zum rothen Sandstein gehörigen Gesteinen, besonders bei Chemnitz, Ilmenau, Neu-Paka, und am
Kyffhäuser; am letzteren Ort Stämme von 1 bis $2^{1}/_{2}$
Fuss im Durchmesser. Als Anhang wird noch Tab.
VII. f. 1 — 4. eine zwischen der beiden vorhergehenden in der Mitte stehende Versteinerung angeführt, welche dem äussersten Wurzelsystem dieser
Stämme anzugehören scheint. Man kann sie an einem 2 Fuss dicken Stamme des *Psaronius helmintholithus* im Museo zu Dresden am äusseren Rande des Durchschnitts wahrnehmen.

(B e s c h l u s s i m n a c h s t e n B l a t t.)

Literaturberichte

zur

allgemeinen botanischen Zeitung.

Nro. 9.

Libert.

17.) Leodii 1830; Bonn bei A. Marcus: *Plan-tae cryptogamicae, quas in Arduenna collegit et explicavit* M. Anna Libert, plur. soc. literar. sodal. Fascic. I. continens centuriam primam. 4. (Preis 6 Thlr. oder 10 fl. 48 kr.)

Die Geschichte der Pflanzenkunde liefert mehrere Beispiele von Frauenzimmern, die durch Beobachtungen über den äussern oder inneren Bau der Gewächse, durch Entdeckung bisher unbekannter Gattungen und Arten derselben, durch Darstellungen mit dem Pinsel oder Grabstichel, um diese Wissenschaft Verdienste haben. Vorliegender Anfang eines grösseren Werkes jedoch liefert das erste Beispiel einer Vielen zugänglich gemachten Sammlung von getrockneten Pflanzenexemplaren, von einer Dame gesammelt, nach den Regeln der Wissenschaft untersucht und benännt: dabei gehören diese Pflanzen einer Abtheilung des grossen Reichs an, die wegen Kleinheit der Individuen und ihrer Unscheinbarkeit für das unbewaffnete Auge Manchem unverdienter Weise entfremdet bleibt, nämlich der Cryp-

togamie. Schon aus diesem Grunde muss der Unter-
nehmung, deren Anfang vorliegt, allgemeine Theilnahme und Unterstützung werden. Allein auch von
der wissenschaftlichen Seite verdient sie dieses. Mlle.
Libert, in Malmedy, beschäftigt sich seit mehreren Jahren damit, die Gewächse, besonders die kleineren cryptogamischen Bildungen ihrer romantischen,
in naturhistorischer Hinsicht noch fast unbekannten,
Umgebungen zu beobachten. Mit welchem Erfolge
dieses geschehen, beweisen Abhandlungen von ihr
in den Ann. des sc. natur. und in den Mem. de la
soc. Linn. de Paris, worin sie neue Gattungen und
Arten festzustellen bemüht gewesen ist; auch haben
die Herren Lejeune und Bory St. Vincent jeder
eine Pflanze ihr zu Ehren benannt. In Vorliegendem ist von den Früchten dieser Bemühungen ein
Theil dargeboten und zwar enthält dieser erste Fascikel hundert Arten, aus allen Ordnungen der Cryptogamie genommen, doch so, dass die kleineren
Blatt- und Rindenschwämme über drei Viertheile
ausmachen. Die wohlgewählten Exemplare stellen
meistens verschiedene Zustände, manchmal zugleich
auch Abänderungen von der Hauptform, dar, und
der Kenner und Sammler wird unter ihnen manche
seltene und neue Art - mit Vergnügen bemerken.
Jeder Nummer ist ein gedruckter Zettel beigeklebt,
welcher den systematischen Namen, einen oder einige Synonyme, die Diagnose der Art und Gattung,
wenn solche neu sind, den Fundort u. s. w. in lateinischer Sprache enthält. Sollten auch diese Na-

men hin und wieder eine Berichtigung zulassen,
sollte auch in Sonderung der Formen die Verfasse-
rin nicht selten zu sein unterscheiden, was bei solcher Vertrautheit mit ihnen nur zu leicht geschieht; -
so kann dieses weder ihr, bei ihrer isolirten Lage,
und der Unvollkommenheit der meisten Beschreibungen, zum Vorwurf gereichen, noch thut es dem
Werthe der Sammlung selber Eintrag. Zu wünschen ist daher, dass diese in recht Vieler Besitz
komme: in welcher Beziehung nun auch zu bemerken ist, dass auch das Aeussere, wie es sich von
weiblichen Händen versteht, sehr geschmackvoll ein-
gerichtet ist. Jede Art befindet sich auf einem Quart-
blatt starken, sehr weissen Papieres sorgfältig auf-
geklebt, und zwar ist in den Stellen, wo die Anheftung geschehen, immer eine so passende Abwechse-
lung beobachtet, dass das Ganze nur ein zwei Fin-
gerbreite dicker, bequem sich öffnender und schlies-
sender Quartband geworden ist.

Bonn. L. C. Treviranus.

---

18) Düsseldorf, Arnz und Comp. (1831 — 32.)
Vollständige Sammlung officineller Pflanzen
von Dr. Fr. Nees v. Esenbeck. 2tes und 3tes
Supplementheft.

Vom 1sten Supplementhefte dieses willkomme-
nen Werkes, — welches kaum je andere, als Originalabbildungen, liefert, nach Exemplaren, welche,
von Botanikern aller Länder bereitwillig dazu dargeboten, zum Theil mit grossen Transportkosten
herbeigeschafft werden, — ist bereits in diesen Blät-

tern berichtet worden, und der Belehrung gedacht; die uns aus den Untersuchungen des Verfs. über verschiedene Sorten Catechu und Kino erwachsen; und ihren, früher falsch angegebenen, Ursprung. Wir geben jetzt den Inhalt des 2ten und 3ten Heftes an und melden, dass, wie wir vernehmen, bereits zum 4ten Supplementhefte viele Hände in Beschäftigung sind.

Inzwischen ist nun auch Friedr. L. Nees von Esenbeck und Ebermaier's Handb. der med. pharmac. Botanik mit dem dritten Bande vollendet worden, wodurch die Besitzer der ganzen Sammlung obiger Abbildungen zugleich in Stand gesetzt werden, die Sammlung vollends gänzlich, der Reihenfolge des Buches nachgehend, nach dem natürlichen Systeme zu ordnen, und alles Verwandte zusammenzulegen, begleitet von den zu den Abbildungen gehörenden besonderen Textblättern, auf deren jedem zweckmässig, wie bekannt, nur 1 Pflanze; oder nur 2 *derselben Gattung* beschrieben sind.

Wir finden im Heft II.:

T. 1. *Mentha Langii Geiger*, nach dem Texte Mittelform zwischen *M. Halleri Gm.* und *M. nemorosa*, oder Bastard von *sylvestris* und *piperita*, wenn nicht vielmehr von *M. aquatica* und *sylvestris s. nemorosa*, dem Kelche nach der *aquatica* näher. Ref. fand seine Meinung, dass *M. nepetoïdes Lej.* der *sylvestris* sich anreihen möchte, hier gleichfalls angedeutet. — 2. *M. sativa L.*, *Tausch.*, aromatischer noch als *M. crispa*, der Form nach zwischen dieser und der *M. aquatica*

stehend, doch durch kurze Kelche von letzterer entfernt. — 3. *Mentha undulata W.*, schwächer rie-
chend, der *M. crispata* ähnlich, jedoch behaart.
— 4. 5. 6. *Rheum hybridum Murr.*, bei uns gut
gedeihend und zum Anbaue empfohlen, da ohnehin
Rh. Emodi Wall. wohl nicht die einzige wahre
Rhabarber gebe. — 7. *Alkanna tinctoria Tausch,*
8. *Anchusa tinctoria L.* Hier auch Kennzeichen
ihrer Aechtheit. — 8. *Onosma echioides L.*, in
Frankreich wie *Alkanna* benutzt. — 9. *Onosma
arenarium Kit.*, hat *keine* rothe Farbe in der Wur-
zelrinde. — 10. 11. *Cynoglossum officinale L.*
Der hier verdruckte engl. Name ist Hound's ton-
gue. Dass übrigens in diesem Werke die ausländi-
schen Trivial-Namen aufgeführt werden, was wir
sonst nur in der Pharmacopoea batava so finden, ist
sehr zweckmässig; dies setzt uns in den Stand bei
Lesung der Werke fremder Autoren bestimmter zu
wissen, von *welchen* Mitteln sie sprechen. — 12.
13. *Equisetum arvense L.* mit vortrefflicher Abbildung der unterirdischen fortpflanzenden Knospen
und Knollen, und mit Zergliederung. — 14. *Liqui-
dambar Altingiana Blume* oder *Altingia excelsa
Nor., P., Spr.*, die auch durch Reinwardt interessant gewordene, auf Java Gebirgswälder bildende Rosamala, welche den ächten ostindischen,
honiggelben flüssigen Storax gibt. Der graue officinelle soll bekanntlich von *L. Styraciflua* kommen,
aus Nordamerica. — 15. *Sideritis hirsuta Roth*
und die vielleicht eben dazu gehörende *S. hirta
Roth*, auf *einer* Tafel. — 16. *Stachys recta L.*,

als die gewöhnlichere Hb. Sideritidis hirsutae der Officinen. Diese wie alle übrigen Abbildungen mit genauer Analyse der Blüthen- und Fruchttheile. — 17) *Melissa hirsuta Desf.* s. *M. cordifolia Pers.* der *M. off.* ähnlich aber *nicht* aromatisch. — 18. *Leonurus lanatus P.*, die neulich als kräftiges Diureticum bei uns in Anwendung gekommene *Ballota lanata L.* — 19. *Copaifera bijuga W.* und 20. *Copaifera Langsdorffii Desf.*, beide brasilisch. Die brasilischen Arten geben den besten Balsam; *C. officinalis* s. *Jacquini H.* auf den Antillen soll geringeren liefern; noch zwei andere brasilische Copaiferae: *C. coriacea Mart.* und *C. Martii Hayne* sind im dritten Suppl. Hefte t. 16, 17. dargestellt. — 21. *Nigella sativa L.* — 22. *Helleborus viridis L.* und — 23. *Helleborus foetidus L.*, beide zugleich mit Abbildungen der Wurzeln. — 24. stellt vortreffliche Abbildungen der Wurzeln von *Helleborus niger*, *H. viridis*, *H. foetidus*, *Actaea spicata* und *Adonis vernalis* auf einem Blatte zusammen, sehr nöthig und erwünscht, wie denn auch der Text dazu hier, und der in N. v. E. und E b e r m a i e r's med. pharm. Bot. die Unterschiede dieser Wurzeln so deutlich und scharf angeben, wie noch nirgends früher, und woraus man die Ursachen ersieht, warum man, wie es auch Ref. erging, kaum je in einer Apotheke unter vielen oder gar nirgends die ächte des *H. niger* findet, denn gerade die angepriesene der Schweiz ist die der *Actaea spicata*, wohl selten von *H. viridis*.

Supplement - Heft III. enthält:

T. 1. *Allium sativum L.* — 2. *Allium Victorialis L.* — 3. 4. den jetzt wieder in Sprossen und Wurzeln fast mehr als je officinell gewordenen Spargel, *Asparagus officinalis*, mit vielen Zergliederungen. — 5. *Salix alba L.* und — 6. *Salix vitellina W.* gleichfalls wie alles, mit vielen Zergliederungen. — 7. 8. *Rumex pratensis Koch*, mit Vermuthungen über Entstehung dieser vermeintlichen Art. — 9. 10. *Valeriana Phu L.*, wovon Radix Valerianae majoris officinell. — 11. *Valeriana celtica L.*, die sonst officinelle *Nardus celtica* oder *Spica celtica*, stärker als der gewöhnliche Baldrian; hierbei Bemerkungen über verwandte Arten. — 12. *Nardostachys Jatamansi DC.*, *Valeriana Jatamansi Rxb.*, die ostindische *Nardus indica* oder *Spica Nardi*, die man als Reliquie in Apotheken findet. — 13. *Ipomoea* (s. Convolvulus) *Purga Wenderoth*, eine der Jalapenwurzel liefernden Pflanzen, hier zum erstenmal abgebildet mit Analysen; entdeckt von Schiede in Mexico, und deshalb auch, aber etwas später, von Zuccarini als *Ipomoea Schiedeana* aufgestellt; blüht prächtig granatroth; folia, cordata acuminata etc. — 14. *Astragalus gummifer*, eines der Traganth gebenden kleinen Sträuchchen; hier noch Bemerkungen über andere Arten und über die chemische Beschaffenheit des Traganths. — 15. *Acacia vera W.* arabisches Gummi liefernd; die Hülse, ägyptische Bablah, ist stark adstringirend, zum Schwarzfärben im Gebrauche. — 16. 17. waren schon genannt. — 18.

stellt *Melaleuca Leucadendron Rxb.* dar; hierbei
die Bemerkung, dass die in einem frühern Hefte
unter demselben Namen dargestellte Pflanze vielmehr
M. Cajuputi Rxb. seu *M. minor DC.* ist. Nur
diese früher abgebildete *M. Cajuputi* gibt das Ca-
juputöl, während Roxburgh's *M. Leucadendron*
(Heft 3, T. 18.) fast geruchlose Blätter haben soll.
— 19. *Elaphrium tomentosum Jacq.*, wovon das
westindische Tacamahac kommen soll. Hierbei viele
kritische Bemerkungen über die verschiedenen ächten
und falschen Tacamahac-Sorten und ihre Ab-
stammung. — 20 *Esenbeckia febrifuga Mart.*, *Evo-
dia febrifuga Aug. St. Hil.*, deren Rinde auch in
des Ref. Wohnorte schon seit mehr als 10 Jahren
als Cort. brasiliensis oder C. Chinae bras. von Aerz-
ten verordnet wird, höchst bitter, braun, rothe Ab-
kochung gebend; ihr Preis ist dem hohen der *rothen* Chinarinde gleich. Hierbei schöne Zergliederungen. — 21. *Polygala amara L.* — 22· 23·
Brassica Rapa L. — 24. *Menispermum pal-
matum Lam.*, nach Hooker's preiswürdiger Abbildung im Bot. Magazine, T. 2970, 71. Hierbei War-
nung vor einer falschen Columbo-Wurzel und vor
nachgekünstelter.

Bei der Vortrefflichkeit dieser Abbildungen und
der Gründlichkeit des Textes möchte man fast bedauern, dass kaum nunmehr noch etwas zu behandeln übrig geblieben ist, und unmöglich mehr viele
solcher Hefte, wo nicht gar nur noch eins, zu erwarten seyn können. — i —

(Beschluss der Recension Nro. 15. über Cotta's *Dendrolithen.*)

Genus III. *Porosus.* Röhrenförmige Gefässbündel mit deutlichen Wänden bilden den Stamm;
das Innere der Gefässbündel ist porös erfüllt, und
ohne besondere Abzeichnung. Diese Versteinerungen wurden sonst für Palmen-Stämme gehalten;
Sprengel hat durch Vergleichung derselben mit
dem Innern von ı *Polypodium aureum* und ıP.
crassifolium mit grosser Wahrscheinlichkeit nachgewiesen, dass sie zu den Farnen gehören dürften.
Unser Verfasser meint, die grösseren Poren im Innern der Gefässbündel möchten wohl von Spiralgefässen herrühren.

1), *Porosus communis.* (Endogenites psarolithus Sprengel?·Palmacites microporus Sternb.?) Runde, elliptische oder breit· gedrückte, röhrenförmige
Gefässbündel stehen parallel, entfernt und gleichmässig vertheilt, aber ohne Ordnung; ihr Inneres
zeigt im Durchschnitt mehrere deutliche Poren. T.
VIII. fig. 1. 2. 3. Die Abbildung weicht in etwas
von jener Sprengel's ab, und die im Durchschnitt
wurmförmigen Gefässbündel f. 2. 3. scheinen ihre
Gestalt wahrscheinlich einem Druck zu verdanken.
Man vergl. die Abbildungen bei Schulz, Schrö-
ter, Rhode, Walch etc. Fundort: Windberg
bei Dresden, Rüdigsdorf bei Chemnitz.

2) *Porosus marginatus.* Zweierlei Gefässbündel: die grösseren sind mit einem porösen Ring
umgeben. T. VIII. f. 4. 5. Vorkommen unbekannt.

Im lateinischen Text. findet sich als Anhang, was
Sprengel über *Endogenites Psarolithus* ge-
schrieben, und die Gründe, die er angeführt, um ihn
unter die Farne einzureihen, welches im deutschen
Text weggeblieben ist. In den Literatur-Blättern
wurde es seiner Zeit angeführt.

Zweite Familie. *Strünke. Stipites.* Stämme
ohne Jahrringe und Spiegelfasern. Im Stamme stehen entweder Gefässbündel ohne Wände parallel der
Längenaxe, oder er ist von parallelen Längscanä-
len vielfach durchbohrt. Die hieher gehörenden
Pflanzen sind daher jedenfalls Monocotyledonen, und
scheinen meist zur Familie der Palmen zu gehören.

Genus IV. *Fasciculites.* Im Stamm stehen
Gefässbündel ohne deutliche Wände, parallel mit
der Axe, welche gewöhnlich im Innern einige unregelmässig gestellte Poren enthalten.

1) *Fasciculites didymosolen.* Aus zwei Theilen zusammengesetzte Gefässbündel, im kleineren
Theil mit 3 — 14 Poren: zwischen diesen zusam-
mengesetzten Gefässbündeln stehen häufig noch kleinere, einfache und runde, ungleichmässig vertheilt.
Sprengel p. 40. f. b) Tab. IX. f. 3. 4. Vorkommen unbekannt.

2) *Fasciculites palmacites.* In den ovalen
gruppenweise zusammenstehenden Gefässbündeln 2
— 10 Poren, der übrige Theil scheint mit seinem
Zellgewebe erfüllt zu seyn. Tab. IX. f. 1. 2.
Sprengel p. 39. f. 6. a) Vorkommen unbekannt.

Eine entfernte Aehnlichkeit, welche doch so
viel beweist, dass die Abbildungen auf T. IX zu

den Palmen gerechnet werden können, findet sich
in der ersten Abtheilung des 2ten Theils von Martius Palmen-Werk T. B. f. 3. 4. bei *Corypha ceri-
fera* und T. E. f. 9. bei *Kunthia montana*.

Genus V. *Perfossus*. Schwache Längskanäle
stehen parallel, entfernt und ohne Ordnung, aber
gleichmässig vertheilt; der übrige Theil des Stammes ist mit feinem Zellgewebe erfüllt. Die innere
Struktur dieser Stämme zeigt eine grosse Aehnlichkeit mit der der Palmen, man vergleiche Mart.
Gen. Fasc. I. T. 21. f. 8. fasc. III. T. 51. f. 1.

1) *Perfossus angularis.* Gegen die Peripherie hin in einem Winkel ausgezogene Längskanäle
durchbohren den Stamm. Die Poren, welche beim
Durchschnitt der Längskanäle entstehen, sind in der
Mitte kleiner und rund, gegen den Rand grösser
und nach der Peripherie zu in einem Winkel aus-
laufend, der äussere Rand ist frei von Längskanälen.
T. X. f. 1. 2. 3. (Die Rinde f. 3. scheint nach
Ansicht des dem Referenten bekannten Exemplars
mit Luftwurzeln umgeben gewesen zu seyn.) Fundort: das Braunkohlengebilde bei Altsate unweit Karls-
bad in Böhmen.

2) *Perfossus punctatus.* Parallele Längskanäle
von der Dicke einer Stecknadel stehen entfernt,
ohne Ordnung aber gleich vertheilt, ihre Durchschnitte sind unregelmässig rund, sie selbst hohl
oder mit Steinmasse erfüllt. T. X. f. 4. 5. 9. Vorkommen:
nächst der Braunkohle des Mittelgebirgs in Böhmen.

Als Anhang werden sogenannte Braunsteine, welche als Geschiebe vorkommen, beschrieben und T. IX.

abgebildet, welche wohl, bis sich deutlichere Exemplare darbieten werden, zu keiner genauen Bestimmung geeignet seyn dürften.

Dritte Familie: *Strahlig gestreifte Stämme.* Stämme mit radialen Streifen, welche auf der horizontalen Schnittfläche zwei oder mehrere getrennte concentrische Ringe bilden, oder von der Axe bis zur Peripherie ununterbrochen fortlaufen. Sie unterscheiden sich von den meisten dicotyledonischen Stämmen dadurch, dass die radialen Streifen von den concentrischen Ringen durchsetzt werden, oder auch durch den gänzlichen Mangel letzterer, während bei jenen die Spiegelfasern stets durch die Jahrringe hindurchsetzen. — In dieser Familie dürften Pflanzen von wenigstens drei Familien vereinigt seyn, wie wir bei den anzuführenden Gattungen nachweisen werden.

Genus VI. *Medullosa.* Der horizontale Durchschnitt des Stammes ist am Umfange. radial gestreift; die Streifen stehen rechtwinklig auf beiden Seiten einer der Peripherie parallelen Linie. Die Mitte des Stammes aus verschiedenartigen parallelen Gefässbündeln, welche entweder dicht beisammen oder entfernt von einander stehen. Welche Pflanzen diese fossilen Reste hinterlassen haben mögen, darüber habe sich der Verf. weder in botanischen Werken, noch bei den Botanikern Auskunft verschaffen können.

1) *Medullosa elegans.* Das Mark besteht aus Gefässbündeln, welche 2 — 5 kleinere Gefässbündel enthalten. Der Durchschnitt des Stammes zeigt am Umfange zwei Ringe radialer Streifen, im

Inneren aber unregelmässig gestaltete, dicht aneinander gestellte Gefässbündel, welche porös erfüllt sind und 2 bis 5 kleinere Gefässbündel in sich enthalten. T. XII. f. 1 — 5. Vergleicht man f. 4. dieser Abbildung, welche eine vergrösserte Parthie vom Rande darstellt, mit f. 2. von *Pinus Brandlingii Witham* bei Lindley, so wird man in den gleichsam mit Maschen ausgekleideten Gefässbündeln der Holzfaser grosse Uebereinstimmung finden, nur sind sie dort spitz, hier stumpf geendet und Zwischenräume zeigend, auch fehlt bei dem englischen Stamme der äusserste Rand. Sie sind daher bestimmt verschieden, auch beide keine Coniferen und zu keiner bekannten Familie gehörig, doch wahrscheinlich verwandt. — Vorkommen: das Gebiet des rothen Sandsteins bei Chemnitz und Kohren.

2) *Medullosa porosa.* Der Durchschnitt zeigt am Umfange zwei Ringe radialer Streifen; im Innern stehen unregelmässig gestaltete Gefässbündel dicht beisammen, derer mittlerer Theil durch viele längliche Poren gezeichnet ist. T. XII. f. 6 et 7. Vorkommen mit vorigem.

Man vergleiche diese f. 6. mit dem Durchschnitt von *Todda panna* Rhede hort. Malab. T. 3 — 21. und Adolph Brongn. Recherches sur les *Cycadées.* T. 16. p. 389., so wird man hinreichende Aehnlichkeit finden, um diese Versteinerung, wohl nicht für dieselbe *Cycadee*, doch aber für ein nahe verwandtes Geschlecht aus der Vorwelt anzuerkennen.

3) *Medullosa stellata.* Ein doppelter schmaler Ring umgibt das Innere des durchschnittenen

Stammes, welches mehrere entfernt stehende Sternsäulen enthält, die auf dieselbe Art zusammen gesetzt sind, wie die strahlige äussere Umgebung. T.
VIII. f. 1 — 6. Mit der vorhergehenden. — Sehr
wahrscheinlich zu derselben Familie gehörig.

Genus VII. *Calamitea.* Der Durchschnitt des
Stammes ist radial gestreift, der mittlere Theil von
gleichförmiger poröser Masse erfüllt oder hohl.
Mehrere hierher gehörende Exemplare zeigen an
der Aussenfläche des Stammes deutliche Längenstrei-
fen, welche mit den inneren radialen Streifen in
genauer Beziehung stehen, und vielleicht von diesen
inneren Streifen abhängig sind. — Sie werden für
Calamiten gehalten, obgleich sich an diesen kurzen
Stücken höchst selten Abgliederungen zeigen.

1) *Calamitea striata.* Der horizontale Stammdurchschnitt zeigt breite aus vielen feinen zusammengesetzte radiale Streifen. Der mittlere Raum
ist entweder porös erfüllt oder hohl, T. XIV f. 1
— 4. T. XV. f. 2. bei Chemnitz. Es möchte wohl
keinem Zweifel unterliegen, dass diese Verteinerun-
gen zu den Calamiten gehören, denn selbst bei den
Abgliederungen der Calamiten im Schieferthon sieht
man die Furchen sich concentrisch gegen die Mitte
fortsetzen (Lindley T. 20.) Die Calamiten Glieder,
welche zwischen Seinsheim und Wisloch im Keu-
per Sandstein gefunden werden, zeigen an ihren
Abgliederungen ganz dieselbe Organisation; bei einem Exemplar von *Calamites undulatus Sternb.*
haben sich die Streifen und Furchen ganz so, wie
sie auf dem Aeusseren des Stammes vorkommen, in

der schönsten Uebereinstimmung concentrisch in das Innere fortgesetzt, bis auf eine nur etwa vier Linien im Durchmesser betragende Ausfüllung mit Schieferthon. Alles dieses findet man mehr oder weniger deutlich in den Abbildungen T. XIV. XV. XVI. Ob aber bei diesem Umstand die Calamiten unter den Equisetaceen bleiben können, wollen wir am Ende untersuchen, wenn wir die übrigen Arten angeführt haben werden.

2) *Calamitea bistriata.* Der Durchschnitt des Stammes ist radial gestreift, die Streifen sind breit, aus vielen feinen zusammengesetzt und durch schmälere von etwas verschiedener Textur getrennt; das mittlere Theil ist hohl oder porös ausgefüllt. T. XV. f. 3. 4. Bei dieser letzten ist besonders die innere Begränzung der Streifen sehr deutlich erkennbar, welche hier gleichfalls einen, der Länge nach gestreiften Markkern zu bilden scheint.

3) *Calamitea lineata.* Der horizontale Stammdurchschnitt ist fein radial gestreift; die Streifen sind einfach und alle gleich, häufig bis zur Mitte fortlaufend. T. XVI. f. 1. Chemnitz.

4) *Calamitea concentrica.* Der horizontale Stammdurchschnitt zeigt mehrere in einander liegende, concentrische, radial gestreifte Ringe; die Streifen sind fein und gleichförmig, und werden von den Gränzlinien der Ringe durchschnitten. Tab. XVI. f. 2 — 5. Als Anhang ist noch f. 6. ein etwas undeutliches Exemplar angeführt; alle diese Versteinerungen stammen aus derselben Umgegend von Chemnitz.

In den nachträglichen Bemerkungen theilt der Verf. seine Ansichten über die Analogen der abgehandelten Pflanzen mit, welche auf das Resultat zurückführen, dass die Vorwelt wohl auch eigene

Familien gehabt haben möge, die wir nun freilich
vergeblich unter den lebenden Pflanzen aufsuchen
wollen.

Seine *Medullosen* glaubt er mit *Rhitidolepis*
und *Syringodendron* parallelisiren zu können,
welches durch Abbildung T. XVII. beglaubiget wird.
Dass seine *Calamiteen* keine *Equisetaceen* seyn
können, ergibt sich wohl von selbst. Die innere
Höhlung der Stämme, welche sich manchmal findet,
und als Ursache der flachen Abdrücke im Schieferthon betrachtet wird, hält er für Folge der Auflösung der Holzfasern, welche bei den Abdrücken in
dem mechanisch gebildeten Schieferthon von Innen
nach Aussen bis zu der Rinde vorgedrungen ist, indess bei der Umwandlung in Steinmasse gewöhnlich
nur die äusserste Rinde fehlt, die innere Organisation aber ganz erhalten und bei schnellerer Umwandlung auch nur selten die runde Form verändert worden ist. Es wäre sehr zu wünschen gewesen, dass der Verf. nur einige kleine Lamellen von
Längen - und Querdurchschnitten in der Art wie
Witham untersucht hätte: es würden sich hieraus bestimmtere Aufschlüsse ergeben haben. So hat
z. B. T. XVI. f. 4. 5. sehr grosse Aehnlichkeit mit.,
Pinites medullaris Lindl. und Hutton. T. 3. T.
XVI. f. 3. hat wohl auch einige Aehnlichkeit mit
T. IV. f. 22 und 23. von Bischoffs Equisetaceen.
Eine solche einzelne Uebereinstimmung ist jedoch
noch kein Beweis, erhabene Streifen mögen auf
mehreren Pflanzen eine ähnliche Organisation vor-
aussetzen. — Referent hält zwar die *Calamiten*
T. XIV. et XV. von den Pflanzen T. XVI. ziemlich weit verschieden, und diese letzteren jenen von
T. XIII. näher und nach den Abbildungen nicht zu
den *Equisetaceen* gehörig; etwas Bestimmteres wird
sich aber erst dann aussprechen lassen, wenn bei
der Untersuchung ein und derselben Pflanzen auch
dieselbe Methode befolgt werden wird, um gleiche
Resultate zu erhalten. Es ist demohngeachtet die
Arbeit des Verf. nicht weniger verdienstlich, und
die Wissenschaft fördernd geblieben.   *g.

19.) Viennae 1831, sumpt. Frid. Beck: Ni-
colai Thomae Host, Caes. Reg. Archiatri, *Flora austriaca.* Vol. II. 770. S. in 8.

Wenn es Botaniker gibt, die bei Abfassung von
Floren unablässig beschäftigt sind, ihren Werken
dadurch die möglichste Vollkommenheit zu geben,
dass sie Jahrelang ihre Gegend nach allen Seiten
durchstreifen, jedes auf die daselbst entdeckten Pflanzen bezügliche Synonymum kritisch zu beleuchten
suchen; auch wohl mit andern Botanikern in Verbindung treten, um deren Pflanzenexemplare mit
den ihrigen zu vergleichen, und solchergestalt umständlich berichten zu können; so dürfen wir unsern
Verf. in diese Classe nicht setzen, da derselbe einen
ganz andern ihm eignen Gang eingeschlagen hat. Im
Besitz eines Gartens, der ganz den Gegenständen
seines Forschens gewidmet ist, einer Bibliothek und
eines Herbariums, die der Vollständigkeit nahe kommen, blickt er weder rechts noch links, sondern
verfolgt seinen eigenen Weg, indem er jede Pflanze

nach dem Linné'schen System diagnosirt und beschreibt; gröstentheils seine eigenen Abbildungen
citirt, und endlich Wohnorte und Blüthezeit hin-
zufügt. Vor 30 Jahren wäre ein solches Werk als
ein non plus ultra betrachtet worden; heutzutage
aber pflegt man an Flören etwas höhere Forderun-
gen zu stellen. Dem sey jedoch wie ihm wolle; so
sind wir dem Hrn. Vérf. dennoch allen Dank schuldig, dass er uns mit den Schätzen eines der grössten
Theile Deutschlands bekannt macht, und Beschreibungen von ihnen liefert, die als dauerhafte Acten
über dieselben für immer ihren Werth behalten
dürften. Der vorliegende zweite Band enthält von
den phaner. Linn. Classen die 12te — 23ste und
von den cryptogamischen Gewächsen aus der 24sten
noch die Filices und Musci frond. et hepatici.

Da eine ausführliche Inhaltsanzeige bei einem Buche, das kein ausübender Botaniker entbehren kann,
überflüssig, so beschränken wir uns hier darauf,
über einzelne Gegenstände unsere Ansichten und Erfahrungen auszusprechen.

Amygdalus campestris Bess. Enum. pag. 46.
Eine genaue Beschreibung soll den Botanikern kund
thun, dass diese Species von *A. nana* sehr verschieden sey. Indessen ist es doch immer für die Aufstellung einer neuen Pflanze sehr misslich, wenn
Niemand das Vaterland nachweisen kann. *Cotonea-
ster. tomentosus* würde auch von Hrn. v. Braune.
bei Salzburg, von Pfarrer Michl. in der Lend ge-

funden, folglich ist auch Salzburg als Vaterland anzusehen. — Bei *Rosa* vermissen wir die beiden
Sternberg'schen Arten vom Monte maggiore in
Istrien, *R. gentilis et affinis*, und machen bei *Rubus* von dem *Rubus rosaeflorus Hp.*, aus der Gegend von Triest, so wie auf *Potentilla pedata
Willd.* ebendaselbst aufmerksam. Dass von *Tilia*,
wie bei *Cerasus*, mehrere neue Arten aufgestellt
worden, ist schon früher in diesen Blättern angezeigt,
da sie jedoch nirgends wild wachsend nachgewiesen werden, so dürften sie wohl nur als Culturerzeug-
nisse anzusehen seyn. *Paeonia rosea Host*, ein
neuer Name für *P. banatica Rochl.*, dürfte sich
wohl mit *P. officinalis* vereinigen lassen, da der
Verf. die Triestinerpflanze hieher rechnet, aus welcher Gegend noch *P. peregrina* und *corallina*
fehlt. Die 21 Arten *Aconitum* verdienen eine genaue Sichtung, und dürfte dasselbe auch bei den
13 Arten von *Helleborus* statt finden. Bei den *Ane-
monen* ist *A. montana Hp.* nachzutragen. Bei
Thalictrum alpinum müssen wir insbesondere die
Seiseralpe im südl. Tirol als speciellen Standort nahm-
haft machen. *Th. angustifolium Jacq.* wird zwar
von Sprengel zu dessen *Th. lucidum* gerechnet,
der Verf. hat aber keins von beiden. Obschon 35
Ranunkeln aufgezählt sind, so missen wir doch *R.
platanifolius* und *polyanthemos L.*; der *R. Brey-
nianus Cr.* steht hier bei *R. montanus* als Synonymum, den andere als wahre Art anerkennen.

Ausserdem ist *R. nemorosus DeC.,* den Rchb. zu
der Crantzischen Pflanze zieht, noch besonders aufgeführt, während *R. polyanthemos L.* fehlt." Dies
verdiente einmal eine eigene Auseinandersetzung mit
Bezugnahme auf die von Crantz angegebenen Wohnorte. Von *Melittis* ist nur eine Art, mit: „folia
oblongo-ovata" aufgeführt, von welcher doch wenigstens die Litoralpflanze mit weissen Blumen und
herzförmigen Blättern als Abart verschieden ist.

Sehr reichhaltig ist die 14te Linn. Classe ausgestattet, und gibt zuvörderst Herbariensammler Gelegenheit zu reicher Ausbeute. Die Gattung *Calamintha* zählt nicht weniger als 12 Arten, *Satureja*
7, *Thymus* 9 und *Mentha* sogar 44 Arten.

Es wäre eine schöne Aufgabe für österreichische
Botaniker, diese Arten möglichst gut conservirt in der
Versammlung der Naturforscher zu Wien vorzulegen. Unter den 18 Arten *Pedicularis* vermissen
wir die *P. adscendens Sternbg.* (tuberosa R. et
Hohenw. nicht Linné et Haller). Die Gattung *Linaria* hätte doch von *Antirrhinum* getrennt werden sollen. Wenn wir auch alle neuerlichst aufgestellten *Orobanchen* nicht anerkennen können, so
möchten doch 5 für den Kaiserstaat zu wenig seyn.

In der 15ten Classe sehen wir noch immer *Thlaspi praecox* unter *montanum* und *Thl. alpestre*
unter *perfoliatum* aufgeführt, dem wir eben so
wenig beistimmen können, als der Zersplitterung von
Dr. aizoides in 3 oder 4 Arten. Das niedliche

Lepidium brevicaule Hp. fehlt. Unter *Nastur-*
tium Wulfenianum führt der Verf. das *Sisymbr.*
lippizense Wulfen auf, welches aber von dem ebenfalls aufgestellten *N. pyrenaicum*, nicht verschieden ist. ; Das *Erysimum lanceolatum* hat seinen
liebsten Wohnort in den höchsten Alpen und ist
dann eine Augustpflanze. - *E. crepidifolium Rchb.*
wird zu *E. hieracifolium L.* zurückgeführt.

In der Monadelphie vermissen wir *Erodium*
moschatum aus der Gegend von Kitzbühl. Den
Genisten dürften noch mehrere Arten aus dem Littorale und Istrien nachzutragen seyn. Wenn bei
Anthyllis Vulneraria eine var. corollis coccineis
tantum in sterilibus, aridis ad litus maris Adriatici
angegeben, so könnte diess auf eine Strandpflanze
deuten, was sie nicht ist, da sie die Wiesen auf
dem Karsch, weit vom Meere entfernt mit rothen'
Teppichen überzieht. Weiters erhalten die Triestiner Botaniker über ihren vermeinten *Orobus albus*
Belehrung; es ist eine neue Art, die Host als *O.*
prostratus beschreibt. Dagegen vermissen wir den
Cytisus prostratus Scop., wenn er etwa nicht unter *C. biflorens* verstanden seyn sollte. Bei *C.*
argenteus wird die Insel Brazza nach Porten-
schlag als einziger Wohnort angegeben; er lässt
sich aber schon bei Triest sammeln. *Coronilla mon-*
tana Scop. heisst hier wieder *coronata L.* und
Jacq. Austr. tab. 271 wird als *minima L.* aufgestellt; von *C. vaginalis Lam.* ist keine Rede. Un-

ter der bedeutenden Zahl von 26 *Astragali* findet
sich ein *A. nitens*, welchen Gebhard im südlichen Tyrol gefunden hat, und den unsere Alpen-
botaniker auf der Pasterze und auf einem isolirten
Felsen in der Rauris sammeln, und als *Astrag. ca-
rinthiacus Hp.* ausgeben. Einen anderen, nämlich
Astr. intermedius, sammelte Mielichhofer in
der Grosärl. *Astrag: triflorus Hp.* vom Heiligen-
bluter Tauren fehlt, desgleichen *A. subulatus Pall.*
aus Istrien.

Unter den *Meliloti's* vermissen wir die *M.
parviflora* von Saule. Ueber die wirkliche Verschiedenheit von *Trifolium pallescens* und *caes-
pitosum*, beide aus den Alpen, würden wir eine
Belehrung von Hrn. Zahlbrückner wohlgefällig
aufnehmen. Aus Dalmatien und Istrien dürften mehrere Arten nachzutragen seyn, so wie *Tr. patens
Schreb.* von Triest, dessen Abgang um so mehr auf-
fällt, da es bei Sprengel, den der Verf. benützt
hat, vorkommt, und bei Sturm kenntlich abgebildet ist.

Unter den *Scorzoneris* ist *S. angustifolia
W. Kit.* mit den Synon. von *Sc. villosa Scop.*
aufgeführt, da doch die Linn. Pflanze dieses Namens wahrscheinlich in *Sc. austriaca* zu suchen
seyn dürfte. *Sc. alpina Hp.* fehlt. Von Hieracien,
die hier ganz noch in der Linn. Integrität erscheinen, finden sich nicht weniger als 50 Arten, die
doch wahrscheinlich noch einer Sichtung bedürfen.

Des Verf. *H. alpinum* und *pumilum* sind sicher nur eine Art. Eben so *H. succisaefolium* und *molle.* Das *H. montanum* wird in, Ansehung des Wohnorts kurz abgefertigt: in alpium herbidis, und ist doch ohne Zweifel, eine der seltensten Arten. Wir vermissen übrigens noch *H. Schraderi* und *glanduliferum.* Im Verlaufe dieser Classe finden wir die Gattung *Borkhausia;* wenn werden sich doch einmal die Botaniker über, die Rechtschreibung dieses Namens vergleichen? sollte denn die berüchtigte Dissertation, die diesem Gattungsnamen zu Grunde liegt, in Göttingen nicht mehr aufzutreiben seyn? Bei *Carduus mollis* dürfte doch auch das Littorale als Wohnort angegeben seyn, da der ganze Karst voll davon ist. Als *Gnaphalium alpinum L.* führt der Verf. die Scopolische Pflanze auf, und hat dabei die specielle Linneische Bestimmung für sich; gleichwohl ist die Pflanze keine andere als das *G. carpathicum Wahlb.,* welches hier nicht aufgeführt wird. *Tussilago nivea* und *paradoxa* bestimmt der Verf. mit Recht als eine und dieselbe Species, gleicher Weise verbindet er, wenn auch stillschweigend, *T. ramosa* mit *alba,* indem er ebenfalls wie bei *nivea* bemerkt: „dantur individua, quorum corolla componitur ex flosculis hermaphroditis; inveniuntur alia, quorum corolla constat solis flosculis foemineis.“ Dasselbe Verhältniss findet sich aber auch bei *T. Petasites* und *hybrida,* die noch als Species behandelt sind. Was dem Ei-

nem Recht, ist dem Andern billig! — *Senecio montanus* und *rupestris* sind kaum speciell verschieden.
Dem *S. incanus* hätte billig das Syn. *S. carnioli-
cus* beigefügt werden sollen; im Fall sie auch der
Verf. nicht für 2 Arten erkennt. Indessen scheint
er den schon einmal gemachten Vorschlag, leichtsin-
nig aufgestellte Species mit Stillschweigen zu über-
gehen, in Anwendung bringen zu wollen. Unter
dem Namen *S. tomentosus* stellt der Verf. eine mit
S. paludosus verwandte Art auf, die Aufmerksamkeit verdient; die übrigen Arten sind nach Jacquin
bestimmt, und gewähren daher keine neuere Aufklärung. Der berüchtigte *S. ovatus* oder *Fuchsii*
fehlt. Dagegen findet sich *S. croaticus* als Art aufgestellt und zwar mit corollis eradiatis mitten unter
denen mit corollis radiatis. Den *S. lyratifolius*
Reich. stellt der Verf. als *Cineraria Zahlbruck-
neri* auf; er ist aber von der nebenstehenden *C. alpina* nicht specie verschieden. Eine neue Art, *C.
thyrsoidea*, die Hr. v. Braune bei Salzburg gefunden, ist ohne Zweifel pratensis Koch in Flora
1823. S. 505, die hier fehlt, obwohl die Charactere
nicht genau zutreffen. Eine andere neue Art aus
Ungarn ist *C. Clusiana*, mit dem Citat: *Jacobaea
pannonica secunda Clus. hist.* p. XXII. Die Bemerkung des Verf.: „caulis, folia, pedunculi et an-
thodium dense tecta sunt lana incana, laxa," lässt
vermuthen, dass es dieselbe Pflanze sey, welche
Wulfen auf den Steineralpen in Krain an-

·traf, und über deren Schönheit seine Exaltation in
Jacquin Misc. I. pag. 157 zu erkennen gab. —
Ein *Aster hirsutus* von Zahlbruckner in al-
pibus salisburgensibus (in der Gastein?) steht nahe
bei *A. alpinus* und dürfte des weitern Nachforschens
werth seyn. Sollte denn der *A. salignus,* welchen
Koch in Flora 1830 p. 187 erläutert hat, und der an
der Donau bis nach Passau hinab geht, nicht auch
bis Oesterreich vorgedrungen seyn? Und wie mag
es wohl zugehen, dass *Doronicum scorpioides* und
longifolium fehlen? — Auch unser Verf. schreibt
Achillea Clavennae, ungeachtet Hr. v. Martens
längst dargethan, dass es nach dem Namen eines
italienischen Botanikers *Clavenae* heissen müsse.
Recht sehr müssen wir bedauern, über *A. odorata*
keine weitere Aufklärung zu erhalten, als wie Wulfen gegeben hat, dessen Abbildung zu *A. setacea*
zu gehören scheint, wenn sie nicht blos ein klei-
nes *Millefolium* darstellt. Die Gattung *Centaurea*
ist ziemlich vollständig aufgeführt, da sie nicht weniger als 30 Arten zählt. Wir vermissen bloss *C.*
cristata. Bartl. vom Karst; *spinulosa Rochl* aus
Ungarn und *vochinensis- Bernh.,* wenn letztere
nicht mit *C. carniolica* identisch seyn sollte.

In der 20sten Klasse sind die Orchideen vielfältig nach den neuern Anordnungen abgehandelt
und namentlich die Gattungen *Chamorchis, Her-*
minium, Epipogium, Listera, Goodyera, Neot-
tia, Epipactis, Corallorrhiza und *Malaxis* auf-

genommen. **Viele neuerdings aufgestellte Arten z. B.**

cens Zcc. sind dagegen nicht anerkannt; und wieder andere zu ihrer Grundform zurückgeführt, z. B. *Serapias longipetala* zu *S. Lingua. Orchis mascula Jacq.* ic. rar. 180., die schon der scharfsichtige G a u d i n mit einem? aufführt, erhält hier den Namen: *O. speciosa,* welches gleichwohl nur eine neue Benennung zu seyn scheint, weil *O. mascula* L. fehlt. Da unter den *Aristolochien* die *longa* nicht aufgezählt ist, so dürfte sie wohl auch für die Flora germanica zu streichen seyn. Die *Typha minor* des Verf. ist allerdings *T. minima, Funck et Willd.,* aber von *T. minor Smith* dennoch als wahre Art verschieden.

Die *Euphorbien* stehen auch bei unserm Verf. wie bei S p r e n g e l, den derselbe sehr in Ehren hält, in der Monoecia Androgynia. Wir finden 29 Arten, darunter eine *E. serotina* copiose in agro tergestino, die, wie es scheint, die dortigen Botaniker bisher nicht beachtet haben. *E. nicaeensis Host. Syn.* erhält jetzt den Namen *E. pannonica.* Von *E. veneta* und *fragifera* findet sich nichts.

Die *Callitrichen* stehen alle unter der einzigen *C. aquatica Sm.;* der kürzeste Weg! — Die *Carices* stehen wie Kraut und Rüben und ohne irgend eine Abtheilung untereinander: ihrer sind 95 an der Zahl, und die meisten sind bekanntlich in des Verf. *Gram. austr.* erläutert. Es fehlt *C. incurva*

Lightf. aus dem Schleerngebirg. R e i c h b. sieht zwar
C. mirabilis H., die wir für *Kobresia caricina*
erkennen, für jene Art an, wogegen aber die
Ho s t ische Bemerkung selbst, dass sie durch stigmata tria sich unterscheide, spricht. *C. schoenoï-*
des und *divisa* stehen hier als 2 Arten, die wir
bezweifeln. Wenn unter *C. ustulata* die Wah-
lenbergische Pflanze verstanden seyn soll, so steht
dabei die *C. nigra, All.* am unrechten Orte, die
vielmehr zu der gleich folgenden *C. parviflora* gehört. *C. mollis* im südlichen Tyrol verdient die
Aufmerksamkeit der Reisenden. Desgleichen *C. ver-*
na, in so fern sie von *C. nitida* verschieden seyn
soll! *C. geniculata, Scopoliana, Milichhoferi,*
brevifolia und *spadicea* verdienen noch eine nähere Auseinandersetzung; letztere ist ohne Zweifel
identisch mit *C. frigida* und *fuliginosa Schkhr.*

Die 60 Arten von *Salices* sind bekanntlich meistens mit neuen Namen belegt und in des Verf.
Kupferwerk abgebildet worden. Es dürfte nun ein
verdienstliches Werk seyn, sie einmal auf die ältere Synonymie zurückzuführen.

Die Cryptogamie beginnt mit den Filicibus, die
grösstentheils nach S w a r t z und S m i t h geordnet
sind, desshalb steht auch irriger Weise *Equisetum*
Telmateja unter *fluviatile. Polypodium alpestre*
Hp. fehlt. Die Laubmoose sind sehr reichlich und
zweckmässig nach den neuesten Schriften von
S c h w a e g r i c h e n, N e e s, H o r n s c h u c h und

Bridel zusammengetragen, und wir vermissen blos
Splachnum rugosum vom Radstadter Tauren,
Milichhoferia elongata von der Alpe Schwarz-
wand in der Grosarl, ein paar *Orthotrichen*, und
Pohlien, *Meesia minor* und *demissa*, *Bartramia
marchica* und *ithyphylla* und *Trichostomum ri-
parioides*. Die Vereinigung der *Timmia austriaca* mit *megapolitana* dürfte kaum Beifall finden.
Von Jungermannien ist die schöne Anzahl von 60 Arten zusammengetragen. *Duvallia* ist unter, *Gri-
maldia* gestellt, die Gattung *Ricciella A.* Braun
für *Riccia fluitans* aufgenommen, ohne jedoch, was
wir für das ganze Buch tadelnswerth finden, der
Auctoritäten zu gedenken.

Wir schliessen diese Anzeige mit dem Wunsche, dass es dem Verf. gefallen möge, seinem Versprechen, Nachträge aller Art zu liefern, getreu zu
bleiben, und stellen auch an alle, besonders aber an
reisende Botaniker die Bitte, für die Berichtigung
und Vervollständigung dieser Flora nach Kräften beizutragen, damit auf diesem Wege allmählig eine
vollständige Flora des Oesterreichischen Kaiserstaa-
tes erzielt werde, zu welcher die vorliegende allerdings die erste, sehr schätzenswerthe Grundlage
bildet.   P p.

_____

18.) *Enumerazione delle piante crittogame
non descritte nella Flora crittogamica dell' Ità-
lia settentrionale, del ch. Sign. Dott.* Pollini;
dei Dottori Giuseppe Balsamo, *professore*

supplente di storia naturali nei Licei di Milano,
e Giuseppe de Notaris. (*In der Biblioteca
italiana* 1831. *Novembre* S. 270.)

Das Studium der Kryptogamie wurde bisher in
Italien nur mit geringem Eifer getrieben, und wenn
wir die Leistungen eines Bertoloni, Pollini und
Bergamaschi ausnehmen, so erfahren wir in
neueren Zeiten über die Kryptogamen-Flora dieses herrlichen Landes mehr durch unsere vielen reisenden und emsig Alles aufsuchenden, deutschen Botaniker, als durch seine eingebornen Naturforscher.
Der kryptogamische Theil der Flora Oberitaliens des
würdigen Pollini zeigte zwar schon hinreichend
von den Schätzen dieses Landes in dieser Hinsicht;
allein jeder, der diese Gegenden selbst nur etwas
kannte, oder von seinen Freunden kennen lernte,
vermisste darin eine nicht unbedeutende Zahl bereits
bekannter italiänischer Bürger. Die HHn. Balsamo und de Notaris, die sich vorzüglich mit dem
Studium der Kryptogamie beschäftigen, suchen nun
diese Lücken in Pollini's Werk auszufüllen; indem sie in der *Biblioteca italiana* centurienweise
jene Arten aufzählen, die bei Pollini fehlen. Im
November-Hefte der *Biblioteca italiana* befindet
sich nun bereits die erste Centurie, worin wir 2
Polytricha, 1 *Bartramia,* 2 *Brya,* 3 *Hypna,* 4
Didymodontes, 2 *Dicrana,* 1 *Encalypta,* 1 *Weis-
sia,* 1 *Trichostomum,* 3 *Grimmiae,* 3 *Phasca,*
1 *Andreaea,* 2 *Jungermanniae,* 1 *Riccia,* 2 *En-
docarpa,* 2 *Parmeliae,* 2 *Collemata,* 1 *Cenomyce,*
4 *Opegraphae,* 6 *Patellariae,* 1 *Psora,* 4 *Leca-*

norae, 19 *Sphaeriae*, 1 *Lophium*, 1 *Hysterium*, 1 *Leptostroma*, 1 *Ectostroma*, 5 *Dothideae*, 1 *Eustegia*, 1 *Sclerotium*, 1 *Illosporium*, 1 *Melanconium*, 1 *Phragmidium*, 2 *Pucciniae*, 4 *Uredines*, 6 *Aecidia*, 1 *Trichothecium*, 1 *Psilonia*, 1 *Cladosporium*, 2 *Oidia*. und 1 *Circinnotrichum* bemerken. Die Verfasser haben bei den bekannten Arten nur einige der vorzüglichsten Synonyme angegeben, und diesen die Standörter kurz beigefügt. Die von ihnen für neu gehaltenen Arten sind kurz definirt, und sind folgende: -*Endocarpon Birolii*; thallo monophyllo, coriaceo, peltato, cinereo, subtus roseo fibrilloso; apotheciis numerosis; ostiolis prominulis laevibus. In rupibus ad monti della Zeda in Valle Intrasca. — *Parmelia quercicola*; thallo orbiculari, aurantiaco, undique perforato; lobis radiantibus, undulatis, adpressis, apice laciniatis; apotheciis discoloribus, croceis, concavis, margine undulato. In truncis quercuum juniorum nei boschi della Merlata. — *Uredo Amaranthi*; bifrons; acervulis oblongis, confluentibus, epidermide bullata rumpente tectis; sporidiis albis, paucis. An varietas *U. Cruciferarum?* In foliis *Amar. Bliti* prope Romanbanco. — *Aecidium Levkoji*; bifrons; pseudoperidiis in annulum dispositis, confertis, albidis, ore lacero; sporidiis subglobosis aurantiacis. Copiose in foliis *Levcoji aestivi* nei boschi del Ticino prope Paviam. — *Aecidium Asperulae*; hypophyllum; pseudo-peridiis confertis, albidis, interdum solitariis, ore subintegro; sporidiis globosis, laete aurantiacis, demum fuscis. In foliis *Asperulae odoratae* nei boschi di Carbonara in Lumellina. — *Aecidium Fediae olitoriae;* hypophyllum et epicaulon; folium supra macula albicante notatum; pseudo-peridiis nunc distinctis, nunc in annulum oblongum dispositis, ore integro; sporidiis globosis, rubris. In foliis *Fediae olitoriae.* — *Aecidium Aristolochiae;* hypophyllum; folium supra maculis parvis albicantibus notatum; pseudo-peridiis hemisphaericis, subalbidis, diffusis, solitariis, ore integro; sporidiis subglobosis, laete rubentibus. In pagina inferiore foliorum *Aristolochiae pallidae* prope Paviam. — *Aecidium Galii;* hypophyllum; folium supra maculis flavicantibus tuberculatis notatum; pseudo-peridiis exsertis, solitariis gregariisve, ore irregulariter profundeque dentato: dentibus revolutis; sporidiis globosis, laete flavo-aurantiacis. Valde commune in *Galio Mollugine.* Es gibt schon ein *Aecidium Galii Pers.*, welches den Verfassern nicht bekannt gewesen zu seyn scheint. — *Oidium oblongum;* hypo- et epiphyllum; filamentis suberectis, simplicibus, dense aggregatis, albis; articulis oblongis vel cylindricis. Commune in foliis *Cucurbitae Peponis.* — Endlich wandeln die Verfasser noch das *Trichostomum Barbula* Hedw. in *Didymodon Barbula*, und die *Puccinia Stellariae* Dub. in *Puccinia Carpophyllearum* um, weil sie nicht bloss auf *Stellaria media*, sondern auch auf *Cerastium aquaticum* vorkommt. Botaniker, welche die neuen Arten der Verfasser, oder sonstige Kryptogamen Nord-Italiens zu erhalten wünschen, dürfen sich nur an dieselben nach Mayland wenden, da sie am

Schlusse obiger Enumeratio ihren ganzen Dubletten-
Vorrath gegen Tausch anbieten. Ss.

Literarische Anzeige.

Von dem Handbuche der medizinisch-pharma-
ceutischen Botanik von Nees v. Eesenbeck und
F. Ebermaier ist jetzt auch der dritte und letzte
Theil erschienen.

Die unterzeichnete Verlagshandlung zeigt diess
ergebenst an und darf, da den früher erschienenen
Bänden eine vielseitige günstige Beurtheilung zu
Theil wurde, mit um so gewisserm Vertrauen das
jetzt vollendete Werk dem ärztlichen und pharma-
ceutischen Publikum empfehlen.

Der Preis für das Ganze ist auf 6 Rthlr. 18.gr.
oder 12 fl. 9 kr. festgesetzt worden.

Die mit diesem Werk in naher Beziehung stehende Sammlung officineller Pflanzen vom Prof. Nees
v. Esenbeck wird fortgesetzt und ist bereits die
dritte Supplement-Lieferung mit 24 ausgemalten Tafeln erschienen.

Von dem aus achtzehn Lieferungen bestehenden
Hauptwerke sind nur noch wenige Exemplare
vorräthig.

Düsseldorf im Mai 1832.

Arnz & Comp.

Riegel und Wiesner in Nürnberg nehmen
hierauf Bestellungen an.

zur

FLORA

oder

allgemeinen botanischen Zeitung.

———=(o)=———

Herausgegeben

von

der königl. bayer. botanischen Gesellschaft

zu Regensburg.

Zweiten Bandes zweites Heft.

Nró. 11 — 18.

Inhaltsverzeichniss.

I. Literarische Berichte.

II. Bibliographische Neuigkeiten.

III. Namen der Schriftsteller, von denen Werke oder Abhandlungen angezeigt sind.

IV. Namen der Buchhandlungen, aus deren Verlage Bücher angezeigt sind.

Zürich, 193. Ridgway and Sons in London, 273. Riemann in Coburg, 209. 228. Schmid in Jena, 222. Schmidt in Görlitz, 287. Voigt in Ilmenau, 191.

V. Verzeichniss der Pflanzen, über welche Bemerkungen vorkommen.

Acrocephalus, 278. Ajuga reptans et confines, 207. Allosorus, 189. Alyssum campestre, 268. Anisochilus, 279. Arabis auriculata et sagittata, 268. Arenaria peploides, 263. salina, ibid. verna, 198. Arundo, 186.

Berberis Aquifolium, 251.

Caladium bicolor, 272. Carex, 186. 251. umbrosa, 261. Chondria pusilla, 183. Colchicum vernum, 261. Coleus, 279. Conferva crocata, 184. Convallaria latifolia, 459. Corylus Avellana, 242. Cupressus, 251.

Dentidia, 279. Dianthus vaginatus, 263. Digitalis longiflora, 268. purpurascens, 267.

Epacrideae, 253. Epilobium molle, obscurum et pubescens, 262. Ericeae, 253. 255. Erophila praecox, 269.

20) Berlin, bei **August Hirschwald**, 1832:
Natürliches System des Pflanzenreichs nach seiner inneren Organisation, nebst einer vergleichenden Darstellung der wichtigsten aller frühern künstlichen und natürlichen Pflanzensysteme. Entworfen von **Carl Heinrich Schultz**, Dr. Professor etc. Mit einer Kupfertafel. XXVIII. und 586 S. gr. 8.

Das vorliegende Werk muss gelesen werden und wird es auch von Kennern schon häufig seyn, wie es verdient. Diess könnte genug gesagt und die Anzeige beendigt seyn, wenn es nicht darauf ankäme, auch den Anfänger dieser Studien auf diess Werk, als das Resultat aller älteren und neueren Entdeckungen und Untersuchungen und aller bisherigen Versuche in der Systematik hinzuweisen, damit er, statt wie bisher etwa aus Jussieu, (Cassel) oder DeCandolle, jetzt zuerst hieraus die Grundsätze der natürlichen Anordnung sich aneigne und dann erst vergleichend, bereits mit einem Maasstabe

zur Beurtheilung ausgerüstet, andere gleichzeitige
und frühere ähnliche Versuche betrachte.*)

*) Damit ist nicht gesagt, als werde der Verf. hö-
her gestellt als De Candolle oder Jussieu,
die auch seine Lehrer sind, vielmehr fällt, wie
wir weiterhin sehen, seine Eintheilung grösstentheils mit der seiner Vorgänger zusammen, nur
ist oft anderer Ausdruck dafur und für die höhern Abtheilungen andere Charakteristik gesucht.
Hier ist nur gemeint, dass der Studirende selbst
zum bessern Verständnisse und zur Würdigung
jener grossen Autoren bei unserm Herr Verf. An-
leitung findet. Die Gattungen unter den einzelnen Familien sind bei Hrn. Schultz grösstentheils die nach den Vorgängern, oft ohne das
Neueste, so sind die Meliaceae noch nicht
nach Jussieu's neuerer Arbeit in Mém. du Mus.
d'hist. natur. XIX. (auch in Férussac's Bulletin);
s. auch weiter unten. Die Charakteristik einer
Familie ist mitunter zu kurz, so dass die schärfere Bestimmung erst nachfolgen muss, anderwärts aber zu wenig umfassend, so dass etwas anomale Gattungen, oder selbst normale,
in welchen selbst der Hauptcharakter erst nur
angedeutet ist, streng genommen ausgeschlossen seyn würden, ohne dass ihnen doch ein anderer
derer Platz (der freilich auch nicht nothig, da
Absonderung unnatürlicher seyn würde) ange-
wiesen wäre, — während anderwärts fur manches
Anomale eigne „Familien" aufgestellt worden,
vgl. Compositae; die Ungleichformigkeit,
der verschiedene Werth der Familien fällt oft
auf; indess, viel liegt an der Natur, und übrigens gibt der Hr. Verf. das Bedürfniss der Nach-
hülfe selbst zu.

Dass so rasch nacheinander viele sogenannte natürliche Anordnungen auftreten, zum Theil sehr
von einander abweichend, macht fast gleichgültiger
gegen neuere Erscheinungen dieser Art, wenigstens
ging es Ref. so, besonders da beim ersten nur flüchtigen Einblicke ins Einzelne der Stellung der Gattungen ihm Einiges irrig und mangelhaft schien.
.Doch schon durch die Einleitung wird man auf-
merksamer, wird man endlich gewonnen, und nach
Lesung der „Grundsätze" des Systems erkennt man
auch die Zweckmässigkeit der Art der Gliederung
des Buchs an. Die Reihenfolge ist nämlich diese:
Zuerst Einleitung, diese gibt kurz den Zweck des
Werks an, gibt Andeutungen zur Grundlage dieses
Systems und der Systematik überhaupt, und behandelt das wichtige Kapitel der Analogie zwischen chemischer Stoffbildnng und der innern Organisation verglichen mit dem grössern oder geringern
Entsprechen der äussern Formen der Gewächse;
diese Einleitung führt uns übrigens sogleich auf den
durch Bemühungen von Jahrhunderten erstiegenen
höhern Standpunkt und setzt uns so bei freiem Ge-
sichtskreise in den Stand, die in der auf die Einleitung folgenden „Geschichte" der botanischen Systematik betrachteten, scharf und klar unterschiedenen Stufen der Ausbildung derselben von den ältesten Zeiten an zu überblicken, froh grösserer Nähe
am Ziele sie zu würdigen, die Arbeiten der Väter,
denen noch Hülfsmittel und Vorarbeiten theils fehl-
ten, wie Anatomie, theils dürftiger geboten waren,

11*

dankbar anzuerkennen; man sieht wie die neuere
Kunde aus und auf der früheren ungeachtet aller
Irrungen derselben erwachsen ist; der Herr Verf.
zeigt alles Irrige derselben rügend, wohl nicht aus
Undank, sondern durch den Zweck genöthigt, um
die Ursachen des Irrthums nachzuweisen. Unsre
Verehrung Cäsalpin's, Tournefort's, Adan-
son's u. A. wächst, und indem wir sehen, dass
auch die ihrem Wege theilweise entgegengesetzten
Bemühungen nothwendig waren und fördernd, ver-
einigen sich vor unserm Blicke alle durch Zeit und
Raum getrennten Forscher zu Einer unsichtbaren
Gemeinde. — (Beiläufig: unter Jussieu's Nach-
folgern ist Cassel nicht genannt, welcher sein System auf deutschem Boden förderte; auch nicht
Curt Sprengel.).

Auf die Geschichte folgt, S. 116 — 236, weitere Ausführung der Grundsätze des Systems
und endlich dieses selbst. Es würde etwas fehlen,
wenn nicht gerade diess Alles und in solcher Ordnung vorgetragen wäre.

Das System ist neu dadurch, dass der Hr. Verf.
(s. S. IX., X.) „eben so wie für die Gattungen
und Familien ein System morphologischer, so
für die Classen ein System (nicht ein einzelnes physiologisches Merkmal) physiologischer
Charaktere gegeben" und so „nach rein physiologischen Grundsätzen eine wahre natürliche Clas-
senbildung den Familien gegenüber und in natürlicher Uebereinstimmung beider (die durch jene beiden

Systeme begründet ist) entworfen hat; dass also die
Haupteintheilungsgründe andere sind, als die früher benutzten, und dass die Unterabtheilungen mit
Zuziehung anderer minder wesentlicher Theile unterschieden sind; alle Hauptverschiedenheiten sind
nämlich aus der innern Organisation, der Verschiedenheit im anatomischen Baue und den innern Funktionen, abgeleitet. Es war die Richtigkeit davon
längst vermuthet und erkannt, und DeCandolle's
Anordnung beruht schon in den Hauptabtheilungen
ziemlich darauf: aber hier ist die Anordnung zuerst
nach dieser Seite bestimmter und vollständig durchgeführt, zu einer Zeit, wo man fast noch fragen
möchte, ob es nicht zu kühn und gewagt sey, auf
die Ergebnisse der erst ein paar Decennien alten,
genaueren Pflanzen-Anatomie und Physiologie schon
so Vieles zu bauen. Indess ist der Verf. auf diesem Wege fast zu (nicht gleichen aber) ziemlich
ähnlichen Resultaten hinsichtlich der Hauptabtheilungen gelangt, wie Jussieu u. A. nach den Ko-
tyledonen, und mehr noch wie DeCandolle;
oder vielmehr: der Verf. fand DeC's Hauptclassen
im Ganzen richtig, suchte aber und fand einen etwas anderen Weg zu festerer Begründung des theils
schon Sichern theils noch Schwankenden; sah dann,
dass gar manches vermeintlich Sichere, aus den frühern Systemsfesseln (nach der Kotyledonenzahl etc.)
gelöset, nun näherer Verwandtschaft frei folgend
bessern Platz fand; und ein gutes Zeichen für die
grössere Naturgemässheit seines Systems ist es, dass

er für solche Familien, welche bisher als ärgerliche Ausnahmen galten, sichere Plätze, oft Sammelplätze mehrerer nachweiset und glücklich begründet, m. vgl. bei ihm z. B. die noch neulich von Kunth u. A. niedrig, von Jussieu und nach E. Meyer von Link, Lindley und Bartling höher gestellten dicotylodonischen *Piperaceae*, und andere Familien, die bereits schon von anderen Autoren nur nach einem richtigen Takte an der Gränze zwischen Monocotyledonen und Dicotyledonen aufgeführt wurden mit Umgehung ihrer oft widerstrebenden Cotyledonenzahl.

In der Zoologie war längst schon bekannt, wie ein Thier hinsichtlich eines Organs oder Organensystems noch auf sehr niedriger Stufe stehen kann, während die Vollkommenheit anderer Organe und Funktionen desto weiter gediehen ist. Bei ähnlicher Betrachtung wird im Pflanzenreiche die scheinbare Ausnahme zum belehrenden Verbindungsgliede von Reihen, die sonst abgerissen erscheinen würden. Solcher Abweichungen durch ungleichmässige Entwickelung waren genug bekannt, auch Lindley macht Beispiele aller Art in s. *Introduction*, namhaft; hier wird nun vom Verf. das Naturgemässe auch darin nachgewiesen, vergl. S. 161., vergl. ferner *Characeae, Najadeae, Cycadeae, Nymphaeaceae.*

Gewiss gab Batsch's — auch bildlich dargelegte — Tafel der Verwandtschaften im Pflanzenreiche, obgleich als erster Versuch im Einzelnen sehr irrig und darum von unserem Verf. zu sehr getadelt, doch vortreffliche Winke zu naturgemässerer Betrachtung, indem sie auf die m e h r seitige Verwandtschaft der Familien untereinander, einem Nezze ähnelnd, aufmerksam machte, wenn gleich nicht genug das A u f steigende der mehreren einander zur Seite gehenden Reihen bemerkt ward, doch richtiger als das Ordnen in e i n e r einzigen Linie auf und abwärts; in ähnlicher Art finden sich dann in mehreren neuen Bearbeitungen des Gewächsreiches und besonders einzelner Abtheilungen desselben, bei N e e s v. E s e n b e c k , F r i e s , E s c h w e i l e r , B a r t l i n g etc. oft m e h r e r e einander parallel gehende und sich seitlich berührende Reihen; unsers Vf's-Werk weiset nun solche „S t u f e n - und Reihen-Verwandtschaften" d. i. das Beisammenwohnen auf g l e i c h e r Stufe der Ausbildung und das in R e i h e n gehende Hinauf- und Hinabreichen und Angränzen an entsprechende Glieder höherer Familien S. 133. f., und deutlicher noch im Verfolge in der Ausführung duich das ganze Werk nach, S. 276. f. und sehr schön S. 162. f., desgl. 319. bei den Synorganis dichorganoideis u. a.

In den „Grundsätzen" des Systems wird hauptsächlich der grössere oder untergeordnete Werth bestimmter Unterschiede in der Bildung und der dadurch gegebenen Merkmale festgestellt, und so ihre Brauchbarkeit und Gültigkeit zur Scheidung entweder ganzer H a u p t abtheilungen, oder nur u n t e r geordneter Gruppen i n n e r h a l b der grössern,

beurtheilt. Man könnte dieses grossentheils für bekannt halten, so einleuchtend ist es dargestellt und
es ist ganz am rechten Orte. Die Grundsätze sind
so, mitunter durch manche Wiederholung, selbst
Anfängern mundrecht gemacht; diess mochte auch
(löblicher) Zweck seyn, sonst würde nicht selbst für
das Bekannteste nochmals der Beweis geführt worden seyn. Es kommt hier zur Sprache nach der
Reihe wie auch Inhaltsanzeige angibt: Begriff des
natürl. Systems S. 116. — Leiter der Natur — netz-
förmiger Zusammenhang (eingeschränkt) — Anforderungen an das natürl. System — Entwickelungs-
gesetze des Pflanzenreichs — Verwandtschaftsgesetze
— Verwandtschaftsgrade der Familien und Gattungen untereinander, hier auch S. 137 Antworten auf
die Frage: welches sind die Kennzeichen einer höheren oder tieferen Bildung der Familien und Gattungen? — oberstes Eintheilungsprinzip und Clas-
senbildung — physiologische Entwickelung desselben
— Namen der Classen S. 155. *A. Plantae homor-*
ganicae. a) sporiferae: I. (Vegetabilia) Ho-
morgana rhizospora (diess ist Class. I.); II. H. phyl-
lospora; III. H. caulospora.; b) *floriferae:* IV. H.
florifera. — B. *Heterorganicae α) Synor-*
ganicae a) sporiferae: V. Synorgana sporifera.
b) *floriferae;* VI. S. gymnantha; VII. S. coronan-
tha; VIII. S. palmacea; IX. S. dichorganoidea. *β)*
Dichorganicae: X. Dichorgana lepidantha; XI. D.
perianthina; XII. D. anthodiata; XIII. D. siphonan-
tha; XIV. D. petalantha monocarpa; XV. D. peta-

Iantha polycarpa. Dann: Bildung der Familien und Gattungen S. 137. — Bildungsgesetze. — Familien insbesondere 1) Familientypen, 2) Familienreihen — Gattungen insbesondere — Bildung der Gattungstypen — Bildung der Arten — die Abarten — Gang der Natur bei der Varietätenbildung (hierüber sind nun auch Hegetschweilers, zwar grossentheils noch weiter zu bestätigende Erfahrungen und Andeutungen in seinen „Beiträgen zu einer kritischen Aufzählung der Schweizerpflanzen. Zürich 1831" sehr belehrend) — Grad der Beständigkeit der Varietäten — Mittel zur Unterscheidung der Arten und Varietäten — Absicht des Entwurfs des Systems. — Nun v. S. 238 an das System selbst, bis S. 510, nebst Register der Gattungen und Familien bis S. 586.

Vieles für die Systematik Wichtige, das in den „Grundsätzen" noch nicht vorgebracht, z. B. S. 436. dass innerhalb einer natürlichen Klasse die Familien mit centrospermen Früchten niedriger zu achten, als die mit wandständigen Placenten, vgl. m. §. 84., desgl. wo ein Merkmal zur Familienunterscheidung brauchbar, wo nicht, z. B. oberer oder unterer Fruchtknoten S. 137 und mehr S. 299; ferner die seitlichen (oder Stufen-) Verwandtschaften und die Reihenverwandtschaften: diess alles ist im Systeme sehr klar am rechten Orte vorgebracht, bei den Classen- und Familien-Charakteren; bei letztern ist auch der chemischen Stoffbildung gehörig gedacht worden.

Die Hauptabtheilungen des Systems: *Homorga:*
na, Synorgana, Dichorgana, deren Hauptcha-
rakter schon im Namen liegt, entsprechen ungefähr (s. Anhang von §. 106.) DC's *Cellulares*,
Endogenae und *Exogenae* doch nicht ganz zusammenfallend, und hier auf schärfere Untersuchung des Baues gegründet, nicht auf das Endogene
und Exogene*) Innerhalb der drei Hauptabtheilungen werden dann die genannten XV. Klassen unterschieden; innerhalb dieser nach untergeordneteren Kennzeichen und zwar nach der innern Organisation zusammengenommen mit der Fruchtbildung die Familien, zusammen 268; innerhalb
welcher dann die Gattungen fast nur nach Unterschieden der Blumen und Frucht entstehen.

---

*) Die Abbildungen stellen Durchschnitte solcher
synorganischer Stengel vor, welche sich im Baue
durch die Art der Sonderung und Vertheilung
der Gefassbündel mehr oder weniger zu den
dichorganischen hinneigen: Piper-Arten u. a.
Hier findet sich S. 166. Mitte des §. 106, wo
DC. getadelt wird, wohl ein Irrthum oder Undeutlichkeit: DC. will mit „endogene" nicht
Wachsen von Innen nach Aussen, sondern Anwachsen oder Zunehmen im Innern, mit exogene also ansetzen der neuen Holzlagen auswendig auf die früheren (unterhalb der Rinde) bezeichnen; DC. sagt Organogr. veget I. p. 213., Uebers. S. 181, vom Stengel der Endogenen, seine
ältesten Fasern oder Schichten liegen am Umfange und die neuesten in der Mitte.

Diess alles lehrt die Auseinandersetzung der Grundsätze des Systems, desgleichen wie dann innerhalb
der Gattungen die Arten nicht bloss durch uns,
sondern durch die Natur gebildet (von uns nur erkannt) werden, und wie die Arten endlich durch
äussere Einflüsse variiren.

Der Verf. hatte bei Entwerfung seines Systems
überall zuerst das nach eigner und früherer Erfahrung und Meinung Verwandte, das Aehnlich-orga-
nisirte, zusammengestellt und dann erst die ge-
meinsamen äussern Merkmale aufgesucht, nicht die
Trennung nach vorausgefassten willkührlichen Ein-
theilungsgründen vorgenommen. Dass manche Gattungen ohne nochmalige strenge Prüfung in früherer Stellung geblieben, gesteht Verf. selbst; das war
auch unvermeidlich, wenn das Werk noch bei unseren Lebzeiten erscheinen sollte; wir freuen uns,
es schon jetzt erhalten zu haben, in Ausführung
des Speziellen können sich nun auch Andere versuchen. Vieles Widerstrebende früherer Anordnungen z. B. dass *Ribes* bei den *Cactis* stehen sollte,
ist gelöset und aufgehoben, Gründe s. S. 182; desgleichen ist, wo es möglich, vermieden worden,
Bäume mit Kräutern in eine Familie zu bringen
z. B. *Urtica* und *Morus; Mimoseae*, doch auch
Cassieae, bilden besondere Familien neben den *Pa-
pilionaceis*. — Doch auch manche wirklich natürliche Familien, wie die Palmen (7 Fam.), *Compositae* (viele F.) etc. selbst *Musci* (3 — 4), *Li-
chenes* (5 F.), sind in mehrere zerspalten, die nun

nicht gleichen Rang mit vielen andern haben können, eher nur Unterfamilien oder Gruppen sind;
diess geschah gewiss um der Uebergangsgruppen willen (z. B. *Partheniaceae*, *Calycerateae*) die nun
oft neue Familien bilden, wie in ähnlicher Art die
Synorgana dichorganoidea als Uebergangsclasse
zwischen den *Synorgana* und *Dichorgana* aufgestellt wurden.

Man könnte zwar (wie auch Bicheno in *Linnaean Transact.*) sagen, dass es hierbei wohl weniger auf den Titel der Gruppe ankomme, wenn nur
die gegenseitige Stellung richtig ist; da indess der
Hr. Verf. gezeigt hat, wie für die untergeordneten
Gruppen innerhalb der grössern Abtheilungen andre
Eintheilungsgründe gelten, und ihre Differenz nur
durch Variation anderer Theile hervorgebracht wird,
als der tiefer liegende Grundcharakter der Classen
u. s. w., so ist es doch nicht so ganz gleichgültig und
die Abweichungen der Autoren unter einander und
unsers Verf. von ihnen und seine scheinbare Un-
gleichförmigkeit entspringt nur daraus, dass der Werth
mancher Merkmale in der und jener Gruppe erst
noch durch fernere Vergleichungen, nach dem Mu-
ster derer des Verfs. z. B. S. 299, festzustellen ist.
Ungleichförmig aber kommt wenigstens dem an die
frühere Umgränznng mancher Familien Gewöhnten
das in diesem Systeme vor, dass, während unter
den *Scitamineae* ausser den *Amomeae* und *Can-
naceae* s. *Marantaceae* auch die *Musaceae* zu
einer Familie vereinigt sind, und die *Ericinae*

auch die *Monotropeae* einschliessen, andererseits *Cichoraceae, Cynarocephalae, Eupatorinae, Corymbiferae, Calycerateae, Echinopeae, Par-theniaceae* als eben so viele besondere Familien in dieser Reihe folgend, aufgeführt sind, eben so die Palmen, welche fast nach v. Martius's 6 Series derselben in 7 Familien getheilt sind. Andere aber, denen es nach Verschiedenheit der Ansicht auf den Titel der Gruppen und ihre Gleichmässigkeit weniger ankommt, werden zum Schlusse des §. 69. entgegnen, dass freilich die Natur die Unterschiede geschaffen, nur nicht nach Classen, Ordnungen etc., welche wir erst sondern, wo möglich naturgemäss, um einen Leitfaden durch die Verschiedenheiten der Natur zu gewinnen; auf beiden Seiten ist Recht, je nach dem Standpunkte.

Es ist aber in diesem Werke nicht so sehr die specielle Ausführung des Systems, sondern die so klar gedachten und klar vorgetragenen „Grundsätze" und die Festellung des Grundrisses des Systems, wodurch das Buch so willkommen wird, wodurch es die Wissenschaft wesentlich fördert und auch späteren Zeiten noch nützen wird. Fester gestellt und begründet, wenn gleich in Gränzen gezogen, wird auch vom Verf. die in neuester Zeit etwas angefochtene Lehre von ähnlicher chemischer Stoffbildung durch ähnliche Organe und Functionen, also von Bildung ähnlicher Stoffe in verwandten Gattungen und Familien; wovon es nur deswegen scheinbare Ausnahmen gab, weil bei chemisch-glei-

chen Stoffen die besondere **Nüancirung** der **Zu-**
sammensetzung z. B. des flüchtigen Oels oder das
Danebengehen eines schädlichen anderen Stoffes neben den normal - characteristischen der Familie verschiedene Wirkung auf - den thierischen Organismus
veranlasst. Bei den Familien wird das Specielle davon angegeben. Sehr richtig bemerkt der Verf. S.
XVI. dass die Stoffbildung von den **innern** Organen vielmehr, als von den äussern Formen, abhängt,
aber oft bei noch gleicher äusserer Form der innere
Bau variiren kann *(Euphorbiae)*; ferner: „dass
man den Holzsaft mancher Euphorbiaceen geniesst,
während die harzigen Secretionen derselben Pflanzen [aus anderen Gefässen] giftig wirken," s. mehr
S. 245. Modification der Organe hat Modification der
Stoffe zur Folge, „wie sich z. B. die langen Bal-
samkanäle der *Pinus*-Arten in dem Maasse, als die
Bildung des reinern ätherischen Oels in ihnen vor-
waltender wird, bei *Juniperus*, zu ovalen, kurzen,
den Oeldrüsen mehr ähnlichen contrahiren." —
Widersacher lernen, auf welchem **W e g e** sie dagegen zu streiten haben, bis sie die **H a u p t s a c h e**
a u c h sehen. Aber „das Studium der Analogien der
Stoffe und der Formen im Pflanzenreiche erfordert
ein viel tieferes Eindringen in die Verhältnisse der
Organisation der Pflanzen, als man es bisher ver-
muthete." S. XVIII und XV.
Sollte Jemand diess System als leitenden Faden
und als **R e g i s t e r** von Herbarien („clavis herbario-
rum") gebräuchen wollen, so wäre ihm auch durch

die Einrichtung Vorschub gethan, dass ausser den Familien auch die Gattungen derselben, letztere zwar in jeder Familie von vorn, von 1. an, *numerirt* sind.

Im System sind in jeder Familie nach der Charakteristik derselben die Namen aller dazu gehörenden Gattungen aufgeführt, oft in Gruppen getheilt nach eigner Einsicht oder nach neueren Autoren, und mit untergestellter Synonymie aus gleichgeltenden oder enger umgränzten älteren und neueren Gattungen und Untergattungen, wobei gewöhnlich die sprachrichtigere Schreibung vorgezogen ist, wie *Dielytra*, nicht *Diclytra*, *Heleocharis* &c.; viele sind zwar noch unrichtig gelassen, wie *Heloscia-dium* statt *Heleosciadium*, vielleicht aus Pietät gegen Autoren. Seltener ist das Neueste unbenutzt geblieben, so sind von Ledebour's Werken schon die *Flora altaica* und der Anfang der *Icones* benutzt; die in Sprengel's Syst. Veg. fehlende *Esch-scholtzia* ist da; selten fehlt eine schon länger bekannte Gattung, wie *Pedilonia* (barbarischen Namens! besser etwa *Pedilium*, Schühchen, da *Pedilanthus* als Name schon vergeben ist — was werden einem nur noch für Namen nachzusprechen zugemuthet werden!) welche fehlt. Oft Uebereinstimmung auch mit Bartling, z. B. unter *Lythrariae* sind *genera elatinea*, *salicariea* und *lagerströmiea*, hingegen *Philadelpheae* nicht wie bei Bartling unter *Onagrarieae*, sondern unter *Myrteae*. Alle *Terebinthaceae* ausser *Pistacia* heissen *Ver-*

niceae, weil *Pistacia* (Terebinthus) zu den, hier weit niedrigeren *Juglandeae* gekommen ist.

In der Reihenfolge der Seiten des Buches kann zwar nur Eins nach dem Andern abgehandelt werden, obgleich in der Natur öfters mehrere Reihen mehr oder weniger unterbrochen oder abbrechend n e b e n einander gehen; solches Angränzen nach der Seite und auf- und abwärts ist aber in diesem Werke in den Grundsätzen und bei den einzelnen Gruppen mit W o r t e n ausgesprochen, deren Sinn klar ist; leicht ist es dem Leser, sich aus der gedrückten Folge der Gruppen das Schema der vielseitigen Verwandtschaften, wie es vom Verf. gedacht und gemeint ist, in tabellenähnlicher Form vorzustellen oder schematisch zu versinnlichen.

Da der Grundriss des Systems und die Grundsätze, wonach die Hauptgliederung geschehen; das Wichtigste sind, so wären Mängel im Einzelnen zu übersehen und ihre Berichtigung, wie schon gesagt, fernerer Zeit zu überlassen als leichtere Sache; es wird genügen, wenn hier nur Einiges betrachtet wird und zwar aus dem Anfange, denn Auszüge zu geben, wäre theils Diebstahl, theils nicht möglich, weil überall Wichtiges zu finden ; nur am Schlusse wird eine Stelle abgeschrieben folgen.

(B e s c h l u s s f o l g t.)

Bibliographische Neuigkeit.

So eben ist v o l l s t ä n d i g fertig geworden: Flora germanica excursoria ex affinitate regni vegetabilis naturali disposita etc. auctore L u d o v i c o R e i c h e n b a c h. Lipsiae apud C a r o l u m C n o b loch. 1830 — 1832.

Delle Chiaje.

21) Neapoli 1829, ex typographia Cataneo et Fernandes: *Hydrophytologiae regni neapolitani icones.* Auctore Stephano delle Chiaje M. D. Folio.

Der schon lange als vorzüglicher Zoologe bekannte Verfasser dieses Werks hat seit zehn Jahren den Meerbusen von Neapel in allen Richtungen durchsucht und die Ausbeute dieser Nachforschungen in seinem trefflichen Werke über die wirbellosen Thiere des Königreichs Neapel*) bekannt gemacht.

Der Beifall, der ihm hiefür zu Theil wurde, hat ihn ermuntert, auch die in den mannigfaltigsten und üppigsten Formen ihm zahlreich begegnenden Algen zu berücksichtigen, und so den botanischen Theil der Naturgeschichte der Neapel umgebenden Meere an den zoologischen zu knüpfen.

---

*) Memorie su la storia e notomia degli animali senza vertebre del regno di Napoli. Napoli 1822 — 1830. III Quártbände mit 55 Kupfertafeln, schwarz 75 Franken, illuminirt 200 Franken.

Nach der hierüber erschienenen Ankündigung
soll die Idrofitologia del Regno di Napoli zwei Quart-
bände ausmachen, und in Lieferungen von je 10
Bögen erscheinen; jede Lieferung auf Schreibpapier
zu 4, auf Velin zu 8 Franken. Sie wird mit einer
Einleitung, der Literaturgeschichte und einer Uebersicht der bisher versuchten systematischen Anordnungen der Algen beginnen. Dann soll die Darstellung ihres Baues, der Verrichtung ihrer Organe,
ihrer Entwicklung, Vermehrung und anderer Le-
benserscheinungen, ihrer Bestandtheile u. s. w. folgen.
Jede einzelne Art erhält ihre Diagnose, möglichst vollständige Synonyme, den im Lande übli-
chen Namen, die Etymologie desselben, eine ausführliche Beschreibung, Bemerkung ihrer Dauer,
des Wohnorts, der Zeit ihrer Fruchtentwicklung,
Abarten, besondern Eigenschaften und des ökonomischen oder medizinischen Nutzens. Endlich sollen genaue Karten der Küsten, an welchen die Algen gefunden wurden, jede zu 1 Franken, geliefert
werden.

Neben diesem in italienischer Sprache abgefassten Hauptwerke erscheint als Vorläufer oder Atlas
das obenerwähnte Kupferwerk, jede Dekade in
schwarzen Abdrücken zu 9 Franken, in farbigen,
nach Lyngbye's Vorbild sorgfältig ausgemalten
Abdrücken zu 18 Franken.

Ich habe durch die Güte des Herrn Verfassers
die bis jetzt erschienenen 80 Tafeln dieses Werkes
in schwarzen Abdrücken mit der Nachricht erhalten,

dass demnächst noch zwei weitere Dekaden erscheinen werden, und finde mich dadurch in den Stand gesetzt, über solches nähere Auskunft zu geben.

Auf einen in Kupfer gestochenen Titel, welchen die Büste des von dem Verfasser mit vollem Rechte gefeierten neapolitanischen Naturforschers Ferrante Imperato als Vignette ziert, folgt die Dedikation der ersten 50 Tafeln an den Bischoff Augustin Olivieri, Lehrer der Königlichen Prinzen, und dann eine kurze Erklärung der Kupfer in lateinischer Sprache. Dieser Text besteht aus einer synoptischen Zusammenstellung der Gattungs-Charaktere und Arten-Diagnosen, der Angabe der Standörter und einer nähern Erläuterung der Theile der gelieferten Abbildung. Die zweite Centurie ist dem Marchese Joseph Ruffo gewidmet, beide für sich systematisch geordnet, wobei der Verf. der 16ten, von Sprengel besorgten, Ausgabe des Linnéischen Pflanzensystems, doch mit mehreren Abweichungen, folgt. Text und Kupfer sind nach dem Format und Manier der Flora danica behandelt; jeder Art ist ein eigenes Blatt gewidmet, auf welchem ausser der ganzen Pflanze in natürlicher Grösse immer auch vergrösserte Darstellungen der Früchte und einzelner merkwürdiger Theile vorkommen.

Bei den ersten 50 Tafeln lässt die Ausführung, wohl durch Schuld des nicht genannten Kupferstechers, Einiges zu wünschen übrig, die spätern zeugen aber von bedeutenden Fortschritten und geben

meistens sehr treue und charakteristische Bilder,
denen man es sogleich ansieht, dass sie nach dem
Leben entworfen wurden.

In der Bestimmung der Arten ist Herr delle
Chiaje, vorzüglich aus Mangel an den erforderlichen Hülfsmitteln, nicht viel glücklicher gewesen,
als Allione und Wulfen, und es ist daher sehr
zu loben, dass er nach dem Beispiel des Letztern
die Diagnosen nicht von andern Schriftstellern ent-
lehnt, sondern nach den lebendigen Pflanzen selbst-
ständig entworfen hat, wodurch sie auch da, wo
der Name nicht zutrifft, mit der Abbildung übereinstimmen.

Sehr zu bedauern ist es, dass der würdige Verfasser sich bisher begnügt hat, die Algen, die er
erhielt, abzubilden, ohne sich mit Aufbewahrung
der Original-Exemplare abzugeben; er scheint sich
die Schwierigkeiten bei Anlegung eines Algen-Her-
bars viel grösser vorgestellt zu haben, als sie wirklich sind, hat mir jedoch versprochen, künftig auch
hierauf Rücksicht zu nehmen, und mir selbst zur
Mittheilung solcher Original-Exemplare Hoffnung
gemacht, um dadurch alle Zweifel zu heben, die
ich über einige seiner Abbildungen noch habe. Inzwischen habe ich es versucht, seine Bestimmungen
ohne dieses wichtige Hülfsmittel zu berichtigen und
folgendes, freilich auch noch einiger Nachsicht be-
dürfende, Verzeichniss der bis jetzt gelieferten Abbildungen zu entwerfen, aus welchem die Wichtigkeit und Reichhaltigkeit des Werkes am klarsten
hervorgehen wird.

Distributio. I.

Tab. 1. *Halyseris polypodioides Ag.* — 2.
Cystoseira abrotanifolia Ag. — 3. *C. granulata
Ag.* Specimen vesiculis et˙ receptaculis instructum.
— 4. *C. ericoides Ag.* — 5. *C. granulata Ag.*
Specimen completum vesiculis et receptaculis instructum. — 6. *Sargassum linifolium β serratum
Ag.* — 7. *S. linifolium Ag.* — 8. *Codium mem-
branaceum.* — 9. *Zonaria squamaria Ag.* —
10. *Halymedea Opuntia Lamouroux* von dem
Verfasser mit vollem Rechte den Algen beigezählt.
— 11· *Zonaria Pavonia Ag.* — 12. *Delesseria ocellata Ag.* — 13. *Zonaria dichotoma.* —
14. *Z. fasciola Ag.* Wohl nur schmale Form der
Z. dichotoma. — 15. *Halymenia palmata Ag.*
Fronde coriacea glabra e geminis laminis constructa,
inferne attenuata, superius dilatato-palmata, purpurea, fusco-maculata, lobis marginalibus multifido-
rotundatis retusisque. Habitat in rupibus maris Mi-
seni, ac Porticorum Herculanensium. Eine ausgezeichnet schöne Form mit Früchten und deutlicher
Dichotomie der breiten Verzweigungen. — 16. *Grateloupia filicina Ag.* — 17. *Bonnemaisonia Pilularia Ag.* Sehr selten. — 18. *Sphaerococcus
acicularis Ag.* Nach Bertoloni Abart des *Sph.
confervoides Ag.* — 19. *S. confervoides Ag.* —
20 *S. compressus Ag.* — 21. *S. musciformis.* —
22. *S. crispus filiformis Ag.?* zweifelhaft, da mir
noch kein ächter *Sph. crispus* des Mittelmeeres zu
Gesicht gekommen ist. — 23. *Sph. Griffithsiae Ag.*

— 24. *Sph. musciformis* γ *armatus Ag.?* —
25. *Chondria obtusa Ag.* — 26. *Sphaerococcus
corneus Ag.* — 27. *Chondria pinnatifida Ag.*
28. *Ch. obtusa Ag.* gedrängtere der *Chondria pa-
pillòsa* sich nähernde Form. — 29. *Ch. ovalis Ag.*
30. *Cladostephus spongiosus Ag.* — 31. *Digenea
simplex Ag.* — 32. *Sphacelaria scoparia Ag.* —
33. *Conferva crassa Ag.*, wohl nur Varietät der
C. Linum Roth. — 34. *C. rupestris L.* — 35.
Bryopsis plumosa Lyngbye. — 36. *Codium
Bursa Ag.* — 37. *C. adhaerens Ag.* — 38. *Da-
sycladus clavaeformis Ag.* — 39. *Codium tomentosum Ag.* — 40 *C. elongatum Ag.* — 41.
C. tomentosum Ag. infans. — 42. *Physidrum.*
Frons utriculosa, vesicae sessiles vel pedunculatae
difformes, hyalino humore plenae, minutissima semina in globulos congesta includentes. 1. *ovale
delle Chiaje.* Vesiculis rubris ovalibus, vel rami-
ficata radicula obortis. Invenitur, ad Nesidis meri-
dionalem plagam. Die Abbildung zeigt 4 bis 5 lan-
zettförmige, an der Basis verwachsene, höchstens
1 Zoll lange Schläuche mit ästigen feinen Wurzel-
fäden. — 43. *Chondria uvaria Ag.* — 44. *Ulva intestinalis L.* mit fremden Körpern gefüllt? —
45. *U. compressa L.* — 46. *Alsidium coralli-
num Ag.* — 47. *Ulva latissima L.* — 48. *U.
fasciata Delil.* Form der *U. lactuca L.* — 49.
Delesseria lacerata Ag. — 50. *Sphaerococcus
lactuca Ag.?*

Distributio II.
Tab. 51. *Cystoseira sedoides Ag.?* scheint mir

eher eine Form der *Cystoseira ericoïdes Ag.* zu seyn. — 52. *C. discors Ag.* — 53. *Sargassum vulgare Ag.* — 54. *Anadyomene stellata Ag.* — 55. *Grateloupia filicina Ag.* — 56. *Sphaerococcus nervosus Ag.* — 57. *Halymenia Floresia Ag.* — 58. *H. ligulata Ag.* — 59. *Sphaerococcus Teedii Ag.* — 60. *Chondria Delilei Ag.?* Bisher nur bei Alexandrien uud Smyrna gefunden. — 61. *Sphaerococcus confervoides Ag.* — 62. *Sph. confervoides Ag.* minor. — 63. *Chondria kaliformis β torulosa Ag.* — 64. *Ch. pusilla delle Chiaje.* Stipite caespitoso rubro, frondibus cartilagineis compressis pinnatis punctatis apicibus bilobato-aristatis, conceptaculis sparsis. Communis in Baiarum scopulis. — 65. *Rhodomela volubilis Ag.* — 66. *Griffithsia corallina Ag.* — 67. *Polysiphonia denticulata delle Chiaje,* fronde ramosissima, ramis cylindricis penicillato-dichotomis articulatisque, articulis ramorum 5plo longioribus medio angustatis extremis sensim incrassatis, vaginis sive ocreis cartilagineis albis dentatis, capsulis pedunculatis urceolatis denticulatisve, conspectaculis per ramulorum articulis sparsis. Habitat in mari Euplaeano. Scheint der *Hutchinsia variegata, Ag.* am nächsten zu stehen. — 68. *Rytiphlaea tinctoria Ag.* mit sonderbáren glockenförmigen Anhängseln, die der Verfasser für Früchte erklärt, mir aber Parasiten aus dem Thierreich su seyn scheinen. — 69. *Hutschinsia Wulfeni Ag.* — 70. *Ceramium rubrum γ secundatum Ag.* — 71. *C.*

rubrum Ag. mit einem *Gomphonema* besetzt. —
72. *C. rubrum Ag.* — 73. *C. diaphanum Ag.*
— 74. *C. ciliatum Ducluzeau.* — 75. *Sphacelaria filicina Ag.* — 76. *Conferva crocata delle
Chiaje*, fronde exilissima ramoso-dichotoma, ramulis articulis diametro 6plo elongatis, soris sparsis.
Fucorum quamplurium parasitica. Eine zarte glän-
zendgrüne Conferve, der *fracta* ähnlich, die ich
auch bei Genua an *Sphacelaria scoparia* fand, aus
Neapel selbst erhielt und Herrn Professor. A g a r d h
unter Nro. 58. mittheile. — 77. *C. prolifera Roth.*
— 78. *Callithamnion versicolor Ag.* — 79. *Griffithsia multifida Ag.* — 80. *Encoelium sinuo-
sum Ag.* v. Martens.

Beschluss der Recension Nro. 20. über
Carl Heinrich Schultz *natürliches System
des Pflanzenreichs.*

Cl. I. Die Pilze, 19 Familien in 6 Ordnungen, enthalten die neuesten Gattungen nach F r i e s
u. A., die 6te Ordnung derselben umfasst *Tubercu-
larinae, Tremellinae* und *Nostochinae,* und unter
diesen letzteren stehen auch *Hydrurus* und *Catoptri-
dium.* Dann *Arthrosporae s. Confervoideae,* 3 Familien: *Batrachospermeae, Confervaceae, Ulva-
ceae; Rhodonema* v. Martens fehlt. — Cl. II.
3 Ordnungen: a) Tange und Horntange. — b)
Flechten in 3 Gruppen: *Crustaceae, Phyllodeae,
Cladonieae,* die hier den Rang von Familien erhalten, wohl nicht gut; übrigens ungefähr nach

Eschweiler; *Arthonia* und *Isidium* gelten, hier noch für eigne Gattungen; vgl. dagegen ausser Flörke nun auch Fries's Lichenologia europ. — c) Neurophyllosporae s. Hepaticae: α) Lichenoideae: hier steht *Blasia* noch neben *Riccia* als Gattung, ist aber längst als höher stehend für *Jungermannia* erkannt; *Salvinia (Marsilea* ist aber wegen des vollkommnern kriechenden Wurzelstockes viel höher gekommen, neben *Filices); Targionia, Marchantia etc.* β) *Bryoideae,* enthalten *Jungermannia* und *Andreaea.* — Cl. III. Die Laubmoose in 5 Fam. (!!) nach dem Stande der seta, z. B. *Acrocarpi* (nicht — *carpiae*); die kleineren Gruppen alle nach Bridel; Hornschuchs Aenderungen im Berliner Jahrb. f. wiss. Krit. 1828, und Fürnrohr's in Flora 1829 II. sind noch nicht benutzt, Brachyodus noch nicht aufgenommen, aber wohl neben *Hypnum* der ganz künstliche *Stereodon* oder *Stereodus* den Bridel selbst nur als Untergattung vorschlug, doch auch das ist er nicht, als nur künstlich; Schwägrichen's neueste Spec. Musc. frond. würden in den *gener. bryoideis* und *mnioideis* einiges geändert und *Tetraphis* z. B. zu letzteren gebracht haben. — Cl. IV. Wir bemerken *Pistia* unter den *Vallisneriaceis*, bei den *Palmaceae (Rafflesia)* steht mit Fragezeichen die *Aphyteia.* — Cl. V. Linné's *Filices* in 5 Fam., Gattungen nach Kaulfuss's Enum. und Neueren; dann *Rhizosporae* aus *Marsilea, Pilularia* und *Isoëtes.* — Cl. VI.

Hier finden sich die Gräser nach eigner Anordnung in
21 Gruppen, viel Werth auf den Blüthenstand gelegt,
(vergl. die Grundsätze), darum unter den Paniceen
Setaria von *Panicum* getrennt, *Digitaria s. Syn-
therisma* steht unter den Paspalaceen. *Libertia
Lej.*, nur sonderbare Form eines *Bromus*, steht
noch als Gattung und in einer anderen Gruppe. —
Arundo Donax L. heisst hier *Arundo,* die arten-
reiche *Calamagrostis* bleibt so, wie bei Sprengel, *Ar. Phragmites L.* aber ist hier *Phragmites* nach Trinius; Sprengel hatte nach Linné's *Philosoph. botan.* §. 246. der gemeinsten
Art, der *Arundo vulgaris s. Phrägmites Dios-
coridis C. Bauh.*, d. i. der *Arundo Phragmites L.* den Namen *Arundo* gelassen. Die vielleicht z. Th. für pedantisch gehaltenen aber Ordnung erhaltenden Gesetze der *philos. bot.* (vergl.
auch Bernhardi's Handb. d. Bot. 1804.) werden
überhaupt (nicht von unserm Autor, sondern) im
Allgemeinen zu wenig erlernt und befolgt. Was
oben von *Stereodon,* ganz dasselbe gilt von *Vignea*
welche hier nach Pal. de Beauv. von *Carex* getrennt steht, denn umgekehrt und wohl überein-
stimmend mit anderweitigen Worten und Grundsätzen des Verf. beweist die grosse Aehnlichkeit von
Carex paludosa und *C. (Vignea) acuta,* — und
die grössere Verschiedenheit von *Carex (Vignea)
acuta, C. stellulata* und *brizoides* — nur so viel,
dass bei *Carex* die Griffelzahl nicht so wesentlich ist, indem sie bei den erstgenannten verwand-

ten Arten verschieden ist. — Cl. VII. *Colchicum,*
Bulbocodium etc. bilden nun eine kleine Gruppe
der *Liliaceae,* gewiss passend; bei *Scitamineae*
ist nun noch N e e s v. E s e n b e c k in Linnaea VI.,
wie auch über *Genera restionea* daselbst V. 1830,
zu vergleichen; über *Irideae* noch E c k l o n's *Co-*
ronariae et Ensatae Capenses 1827. — Cl. XI.
Zu *Laurinae* vgl. man nun N e e s v. E s e n b e c k
in *Plantae asiat. rar. II. Lond.* 1832; zu Compositae in Cl. XII. nunmehr L e s s i n g in Linnaea
VI., auch. D o n in *Edinb. n. ph. J.* 1829. oder
Botan. Lit. Blätt. II. — Die C a s s i n i schen Ver-
stümmelungen von *Filago: Gifola, Ifloga, Log-*
fia, Oglifa sind barbarisch und andere C a s s i n i-
sche Namen, oft nicht zu entziffern. Entstehung des
Körbchens der *Compositae* s. S. 352. (vgl. m. S. 372.
Fam. 132), wenig abweichend von R. B r o w n in
Linn. Transact. XII. oder bot. Schr. II. 525. f. —
Cl. XIII. Unter *Labiatae* wird nun und später
B e n t h a m zu vergleichen seyn, in *Bot. Regist.*
N. Ser., s. a. Bot. Lit. Blätt. IV. *Sapoteae* sind
den *Styraceae* zugesellt. *Rhamneae* sind weit von
den höheren *Celastrinis* getrennt. — Cl. XIV.
Diese grösste aller höhern Klassen hat 5 Abtheilungen oder Ordnungen. *Umbelliferae* in 7 Hauptgruppen. Unter *Onagrae* auch die *Halorrhageae;*
die bei DC. zu l e t z t e r e n gebrachte *Callitriche*
und *Hippuris* stehen nun besser in Cl. IX. *Cru-*
ciferae getheilt in 1. *genera siliculosa,* 2. *sili-*
quosa und 3. *lomentacea et nucifera.* — Cl. XV.

enthält unter andern *Malvaceae*, *Magnoliaceae*,
Ranunculaceae, schliessend mit *Rosaceae (Rosa)*,
Mespileae und *Pomaceae.*

Das Aeussere des Buches ist gut, die Uebersicht
durch Columnentitel erleichtert; das Register vollständig, in diesem sind viele Druckfehler des Werks in
Gattungsnamen berichtigt, doch sind noch einige
falsch geblieben, wie *Cambderia* statt *Campderia*,
Briedelia, *Melanacranis*, *Belemacauda* st. *Be-
lamcanda*, bei der Doldengattung *Physospermum*
steht im Texte richtig als Autor **Cusson**, im Register durch Druckfehler **Cass.**; bei *Lonchostoma*
steht **Widstr.** st. **Wißström** u. A. Diese Fehler sind meistens überkommene Fehler französischer
und anderer Originale, wie *Ecbalium* st. *Ecbolum*
oder *Ecbole*; *Phoenixopus!* im Texte S. 239 ist
st. **Trattinick Trattinnick** zu lesen und S.207
Z. 13. v. u. statt „nur" wohl „fast nur"; auch sind
im Texte, während viele von Autoren falsch gebildete Namen stillschweigend verbessert sind, deren
viele falsch stehen geblieben; wie eine Anzahl Familien und Gruppen mit der ganz falschen Endung
ineae st. *inae* z. B. *Narcissineae*, *Laurineae*;
anders ist es freilich mit *Plantagineae*, wo *in* zum
Stamme des Wortes gehört und die En dung nicht
inae sondern nur *eae* ist. Der vielen falschen Namen in allen Fächern der Naturkunde möchte, wie·
bereits der medizinischen und vieler botanischen,
ein **Kühn** oder **Kurt Sprengel** sich erbarmen;
allen alten Sauerteig auszumerzen hat der Systema-

tiker nicht immer Zeit, wegen des Wichtigeren;
käme nur kein neuer hinzu! Mancher bessert, aber
auch nicht immer glücklich, was wäre z. B., mit
„*Anoegosanthus*" gebessert? Daher das Nasenrüm-
pfen von Seiten der Philologen. Diese Bemerkung
galt keineswegs dem Hrn. Verf., welcher vielmehr
sehr glücklich wählte, z. B. richtig: Allosorus, wie
Bernhardi schrieb und Sprengel, statt des
Röhlingschen *Allosurus*, welches selbst Kaulfuss beibehielt*); die Gelegenheit war hier nur da,
diess im Allgemeinen auszusprechen. — Dem Hrn.
Verf. aber dankt gewiss Iedermann für dieses wichtige Werk, zu welchem er selbst seit vielen Jahren
durch die Abfassung des Werkes „Die Natur der lebendigen Pflanze" sich vorbereitet und gerüstet hatte.
Möchte es ihm gefallen, die Resultate seiner fortgesetzten Forschungen, das System betreffend, uns
noch früher, als in neuer Auflage des ganzen Sy-

---

*) Unsers Vf's Klassen-Namen sind der Sprachrich-
tigkeit nach den Jussieuschen unendlich vor-
züziehen (nur für die vox hybrida torantha
ware thalamantha wohl besser), denn bei
Jussieu's Hypostaminie und Hypoco-
rollie würde man statt „mit Staubfäden unterhalb.." und „Corolle unter dem germen" vielmehr meinen, es befinde sich ein gewisser anderer charakteristischer Theil unter dem oder den
Staubfäden (ὑπό τῷ στήμονι) oder unter der
Corolle; hätte Jussieu nur wenigstens nicht
Griechisch und Latein in ein Wort gebracht!
Hipostemonie wäre schon besser.

stems, besonders mitzutheilen. — Hier noch der
besprochene Schluss des §. 63. „Ueberall da, wo
man im System auf das Entwickelungsprinzip der
Natur hat sehen können, wie bei den Gattungen,
ist man zuerst zu natürlichen Unterschieden gekommen. Wo man aber, wie (besonders früher) bei
den Classen, das erste und ursprüngliche Entwickelungsprinzip des Reichs nicht zum Grunde hat legen
können, da sind auch die Abtheilungen künstlich.
Dass es aber in Wahrheit natürliche Classen gibt,
ist eben so gewiss, als es natürliche Familien gibt,
sobald man, wie es nicht anders seyn kann, das
Pflanzenreich als Ein organisches Ganze betrachtet,
das sich in seine organischen Unterschiede gliedert.
Diese Unterschiede hat die Natur objectiv entwik-
kelt, bevor der menschliche Geist sie unterschieden
oder vielmehr als unterschieden erkannt hat. Da
also der Geist diese Unterschiede nicht macht, sondern bloss ihre Existenz erkennt, sie mögen Clas-
sen- oder Artenunterschiede seyn, so sind auch alle
Abtheilungen wahrhaft in der Natur begründet."
Und aus §. 64: „Die äussere Form ist zwar ein Ausdruck und Resultat des physiologischen Processes,
also das verkörperte Produkt desselben; allein von
der äusseren Form aus hat man nicht den organischen Zusammenhang der Entwickelungen und die
nothwendige Beziehung der besonderen Merkmale
an den äusseren Formen auf das allgemeine physiologische Gesetz der Entwickelung. Diese Beziehung
muss aber vorhanden seyn, und man muss sowohl

die innere Organisation auf die äussere Form, als
die letztere auf die erstere zurückführen; man muss
das gegenseitige Verhältniss beider darstellen, um
auf den Grund allgemeiner Aehnlichkeit und Verschiedenheit der Formen bei der Eintheilung zu
kommen.".... — i —

22) Ilmenau, 1832., Druck, Verlag und Li-
thographie von B. Fr. Voigt: *Der angehende
Botaniker; oder kurze und leichtfassliche An-
leitung, die Pflanzen ohne Beihülfe eines Leh-
rers kennen und bestimmen zu lernen.* Eine gedrängte Uebersicht der botanischen Grundsätze und
Terminologie, der Pflanzen-Anatomie und Physiologie
und der künstlichen und natürlichen Pflanzensysteme
von Linné, Jussieu und Reichenbach,
nebst einer neuen analytischen Methode, die in
Deutschland und den angränzenden Ländern vorkommenden Pflanzengattungen auf eine leichte Weise
zu bestimmen, und einer kurzen Anweisung zum
Anlegen eines Herbariums. Für die reifere Jugend
überhaupt, und für angehende Mediziner, Pharma-
ceuten, Forstmänner, Oekonomen, Gärtner und Tech-
niker insbesondere. Von Joh. Aug. Friedr.
Schmidt, Diakonus in Ilmenau. Mit 36 lithographirten Tafeln. XII. und 516 Seiten in 12. (Preis
1 Thlr. 8 Gr.)

Der Zweck und Inhalt dieses Büchleins, so wie
das Publikum, für welches dasselbe zunächst bestimmt ist, sind auf dem Titel hinlänglich bezeich-

net. Wir brauchen daher hier nur anzuführen, dass die Art und Weise, wie der Verf. seinen Gegenstand behandelt hat, ganz geeignet ist, Liebe für denselben zu wecken; und die jugendliche Wissbegierde zu befriedigen. Ein ungezwungener, leichtfasslicher Styl, und eine glückliche Darstellungsgabe die selbst den trockeneren Seiten der Wissenschaft Interesse abzugewinnen weiss, sind dem Verfasser im hohen Grade eigen, und lassen es übersehen, wenn hin und wieder neuere Beobachtungen unbenützt blieben (z. B. die Röpersche und DeCandollsche Classifikation der Blüthenstände) oder längstwiderlegte Ansichten (z. B. pag. 18. dass alle Theile der Pflanzen aus dem Marke entspringen) noch angeführt werden. Die Uebersicht der im mittleren Europa vorkommenden Pflanzengattungen hat der Verfasser dadurch leichter und zugleich wissenschaftlicher gemacht, dass er die sogenannte analytische Methode mit dem Linné ischen Sexualsystem in Verbindung gesetzt hat. Die lithographirten Tafeln enthalten alle zur Erläuterung der Terminologie dienenden Gegenstände in treuen Umrissen und werden dem Anfänger von besonderem Nutzen seyn. Wir können daher diesem Büchlein, das sich als so gemeinnützig ankündet, nicht anders als eine recht freundliche Aufnahme wünschen, und glauben ihm diese um so mehr zusichern zu dürfen, als der Herr Verleger durch den so niedrig gestellten Preis dessen Anschaffung auch dem minder bemittelten wissbegierigen Jüngling möglich gemacht hat.

rrr.

zur
allgemeinen botanischen Zeitung.

Nro. 13.

Hegetschweiler.

23) Zürich, bei Orell, Füssli & Comp. 1831:
*Beiträge zu einer kritischen Aufzählung der
Schweizerpflanzen und einer Ableitung der hel-
vetischen Pflanzenformen von den Einflüssen
der Aussenwelt*, durch Joh. Hegetschweiler,
M. Dr. Bezirksarzt und m. g. G.-M. 8. 382. S.
(Nebst einer botanischen Höhenkarte.)

Schon an mehreren Orten, namentlich aber in
dem Texte zu den Labram'schen Abbildungen von Schweizerpflanzen hat der achtbare Verfasser nachzuweisen sich bemüht, wie mächtig die
Wirkungen äusserer Einflüsse auf die Gestaltung der
Pflanzen sey, und dass die Zahl biegsamer Arten,
welche, solchen Einflüssen nachgebend, unter sehr
mannichfaltigen und abweichenden Formen auftreten können, grösser sey, als man gewöhnlich anzunehmen pflegt. Seit einer Reihe von Jahren schon
hat er Beobachtungen und Forschungen über diesen
Gegenstand gemacht und er legt nun hier die allgemeinen Resultate derselben nieder, indem er die

Gesetze von denen diese Veränderungen abhängig sind, zu erörtern strebt. Es ist nicht zu verkennen, dass solche Forschungen höchst interessant und für die Kenntniss der Gewächse von grosser Wichtigkeit sind, nur müssen sie mit Unbefangenheit angestellt werden, und die Hypothese sollte so sorgfältig als möglich immer von der Erfahrung gesondert werden. Allein das ist eben der schwierige Punkt, denn nur zu leicht wird der Beobachter von seiner Ansicht eingenommen und zu Annahmen verleitet, die, sich nicht stets streng nachweisen lassen. Ref. huldigte früher ungefähr denselben Grundsätzen, welche der Verf. hier darlegt, allein er gesteht, dass, wenn er sich im Allgemeinen auch immer noch zu denselben bekennt, dieses doch mit einer gewissen Zurückhaltung geschieht. Vermuthungen und Zweifel dürfen aber darum nicht zurückgewiesen werden, da nicht jeder in dem Stande ist, an dem geeigneten Orte selbst Untersuchungen anzustellen, sondern oft erst andere dazu anregen muss, und mit demselben Rechte mit dem der Eine eine Art zweifelhaft aufstellt, mag ein Anderer Zweifel über die Selbstständigkeit einer Art äussern.

Widerspruch dürfte der Verf. jedenfalls von mancher Seite finden und selbst Widerlegung in mehrfachen Fällen, da schwerlich alle seine Annahmen fest begründet sind. Doch folgen wir ihm zuvor etwas ins Einzelne, ehe wir ein Urtheil aussprechen.

Im §. 1. gibt er über Veranlassung und

Zweck dieser Beiträge Rechenschaft. Die Eile,
mit welcher der Druck der von ihm besorgten Ausgabe von Suters *flora helvet.* betrieben wurde,
gestattete dem Verf. die allerdings nothwendige sorgfältige Bearbeitung derselben nicht. Er sammelte
daher zu einem berichtigenden und ergänzenden
Nachtrage Materialien, und diese beabsichtigt er jetzt
in einer *Enumeratio critica plant. helvet.* nieder-
zulegen, welche „neben einer so ziemlich vollständigen Nachholung aller helvetischen Gewächse, auch
eine Würdigung derselben geben soll.“ Diese wird
aber keine Diagnosen, sondern ausser den Standorten und der Blüthezeit eine Gruppe der vorzüglichsten Merkmale und bei den Formen die diese ver-
anlassenden Einflüsse aufführen. Dieser Enumeratio
soll nun vorliegendes Werk gewissermassen zur Einleitung dienen, in welchem der Verf. seine Ansichten und die Grundsätze, die er dort befolgte, zu
entwickeln Gelegenheit nahm.

Im §. 2. sucht er einen überall anwend-
baren festen Begriff von vegetabilischer
Art *(Species)* zu begründen und spricht sich dahin
aus, „dass soviel Individuen zu einer Art genommen
werden müssen, als von einander abstammen, oder
abstammen können“, oder „dass wir bei den Vegetabilien so viel Species anzunehmen hätten, als wir
durch die Aussenwelt im wesentlichen unabänderliche
Typen oder Gebilde hätten.“ Obschon diese Erklärung im Allgemeinen als richtig anerkannt werden
muss, so wird in der Anwendung doch jede Bestim-

13*

mung des Begriffes von Art und Abart eben so oft
schwankend erscheinen, als die Grenzen zwischen
dem Thier- und Pflanzenreiche es auf den untersten Stufen der Organisation sind.

Der Verf. dehnt aber nicht nur den Begriff von
Art weiter als gewöhnlich aus, sondern er will auch
den grössern Theil der Bastardpflanzen, welche in
den Schweizer Floren aufgeführt werden, nicht als
solche anerkennen, und obschon er die Bastarderzeugung keineswegs in Zweifel zieht, so scheint ihm
dieselbe bei wilden Pflanzen doch seltener vorzukommen, und er betrachtet *Poa hybrida, Festuca
hybrida, Gentiana hybrida, Campanula hybrida* &c. nur als Ergebnisse äusserer Einflüsse. Wenn
er aber *Geum intermedium* als eine subalpine
Zwischenform von *Geum urbanum* und *rivale* betrachtet, so findet diese Ansicht in den bei Berlin
angestellten Beobachtungen keine Bestätigung, welche offenbar dafür sprechen, dass dieses eine wirkliche planta hybrida sey. Möglich wäre es aber allerdings, dass das *Geum intermedium* der Schweiz
eine von der bei Berlin wachsenden Pflanze verschiedene sey, und sich so der Widerspruch lösen
lasse. Uebrigens dürfte auch die Bastarderzeugung
von *Galium verum* und *G. Mollugo* kaum in
Zweifel zu ziehen seyn, und wie in unsern Gärten
absichtlich und künstlich Bastarde erzeugt werden,
so mögen solche im Freien auch wohl nicht selten
durch Insecten hervorgebracht werden, aber sie

erhalten und pflanzen sich dort sicherlich eben nicht
mehr fort, als die künstlichen unserer Gärten.

Der §. 3. gibt Beobachtungen über die Ursachen der Vielförmigkeit und die Aeusse-
rungsart derselben bei den Vegetabilien.
Wenn auch die äussern Einflüsse, welche die
Vielförmigkeit der Stammart bedingen, immer in einem gewissen Zusammenhange und fast nie vereinzelt
wirken, so treten doch in den meisten Fällen einzelne besonders hervor, so dass ihre Einwirkung
sich deutlich offenbart. Diese Einflüsse und deren
Wirkungen geht der Verf. hier nun im Einzelnen
durch. Sie bilden die Grundlage seines Gebäudes
und er glaubt, dass, wenn man sie im Einzelnen erst
erkannt habe, man beinahe a priori die Wirkung
der Vereinigung verschiedener Stoffe bestimmen
könne, und dass, man dann durch Angabe dieser
Einflüsse kürzer und bestimmter die verschiedenen
Gestaltungen biegsamer Gewächse bezeichnen könne,
als durch lange Beschreibungen, welche der Natur
der Sache nach hier selten nur genau zutreffen können. Die Gültigkeit des hier Gesagten kann Ref.
nur bedingungsweise einräumen und der Verf. scheint
die Sache auch selbst so aufgefasst zu haben, da er
in der Enumeratio ausser der Bezeichnung der Einflüsse auch noch eine kurze Charakteristik der Formen geben will.

1) Von einigen Eigenschaften und Wirkungen der Stoffe der Aussenwelt auf die
Vegetabilien.

a) Als den dem Lebensprincip zunächst verwandten Stoff betrachtet er das Licht. Doch lassen
sich die hier angegebenen Wirkungen zum grössern
Theil auch der Wärme und Trockenheit zuschrei-
ben, und darum ist der Ausdruck Sonnenform
sehr passend für solche Gewächse, welche vor ihren
nächst verwandten mehr Färbung, mehr Gedrun-
genheit und Rundung, mehr Richtung nach dem
Lichte als nach dem Boden, filzigere und runzlichere,
weniger gelappte und stumpfer gezähnte Blätter zum
voraus haben.

b) Das Wasser macht kahl und glatt, ohne
gestreifte Stengel und ohne kerbzähnige Blätter, öfters ohne Neben- und Deckblätter, nicht selten ver-
schieden-blättrich und im Quellwasser frischgrün
und kahler, im stehenden mehr hellgrün und eher
etwas behaart. Da die Wasserpflanzen die ihnen
nöthigen Verhältnisse fast allenthalben in gleicher
Beschaffenheit wiederfinden, so erklärt das auch,
warum sie einer grössern Verbreitung, ohne wesentliche Veränderung zu erleiden, fähig sind, als die
Landpflanzen.

c) Die Erde. Ueber die Wirkungen der verschiedenen Bodenarten, Kalk, Gyps, Basalt, Urge-
birge, Sand, Torf, Lehm hat der Verf. leider keine
nähern Nachweisungen geben können, obschon solche gewiss von grossem Interesse seyn würden. Ref.
erinnert nur daran, dass manche Gewächse eben so
einen metallreichen Boden lieben, wie andere einen
salzigen, dass z. B. *Statice Armeria, Arenaria*

verna und einige andere vorzüglich gern an alten
Schlackenhaufen und Schachthalden wachsen und
sich dort gewöhnlich nicht weiter verbreiten, als
diese reichen, und dass sich zu diesen in der Gegend
von Aachen auf Zinkhaltigem Boden gewöhnlich noch
Viola lutea gesellt, aber auch diesen meist nicht
überschreitet. Was der Verf. über den Einfluss der
Erde sagt, beschränkt sich nur auf weniges über die
Färbung der Blumen durch verschiedene Erdarten
und über mehr oder weniger fruchtbaren Boden.

2) Von den besondern Veränderungen,
welche die Aussenwelt bei den Vegetabilien hervorbringt.

Obgleich die Stoffe der Aussenwelt den Normal-
typus einer ächten Art nicht wesentlich abzuändern
vermögen, so können sie doch das Lebensprincip
veranlassen, sich in dieser oder jener Thätigkeit oder
in diesem oder jenem Organe mehr als gewöhnlich
zu äussern, und dadurch dieses oder jenes Organ
auf Kosten von einem andern zu vergrössern. In
dieser vicarirenden Thätigkeit zeigt sich dem Verf.
eine Hauptursache der Vielförmigkeit, aber da das
was er daraus ableitet, z. B. die Betrachtung über
die Ablagerung der Blätter, vom wesentlichen
Einfluss auf die Bestimmung der Art ist, so verdient es nicht nur alle Aufmerksamkeit, sondern
eine ganz unbefangene Prüfung. So lange wenigstens als die hier aufgestellten Sätze sich nicht auch
stets streng als durch die Erfahrung begründet nachweisen lassen, können wir sie nicht als Wahrheiten

betrachten, und sie dürfen uns nur als wahrscheinlich leiten, wir erhalten aber dann als Resultat häufig da nur hypothetische Formen, wo wir früher
zweifelhafte Arten hatten.

3) Von dem Einflusse der Höhe auf die
Vielförmigkeit der helvetischen Pflanzen.
Dieser Abschnitt enthält viele sehr interessante
Bemerkungen und der Verf. führt viele Belege für
die von ihm aufgestellten Grundsätze auf, die indessen zum Theil erst der Bestätigung bedürfen möchten. In der kritischen Aufzählung wird er gegen
5000 Arten und deutlich zu unterscheidende Formen von Phanerogamen aufstellen. Von diesen leben, abgesehen davon, ob es ursprüngliche Alpenpflanzen sind oder nicht, 850 in den verschiedenen
Regionen der Alpen, und hievon wieder 450 auf
den niedern und ungefähr 400 auf den höhern Alpen. Unter diesen 850 Alpenpflanzen befinden sich
62 grössere und kleinere Gesträuche und 10 Baum-
arten, von welchen aber nur 5 die Höhe von 5000′
wirklich erreichen und hie und da bis zu 6000′ hin-
ansteigen, diese sind: *Pinus Cembra, P. Abies, P.*
Larix, P. sylvestris und *P. Mughus.*
Die Alpenpflanzen treten in zwei deutlichen
Reihen von Formen auf, in subalpinen oder Berg-
pflanzen, welche bei 1800 — 2000′ ü. d. M. beginnen und bis zu 5000′ gehen und in den alpinen Pflanzen, welche die Gebirge von 5000 — 8500′ bewohnen. Diese beiden Reihen bieten wieder drei bei
allen verbreiteten Arten von Alpenpflanzen zu beob-

achtende Formen, nämlich für die ersten die mon-
tanen, die subalpinen und die alpinen, für die zweiten die verlängerten, die mittlern und die dachzieglichen (subacaules), welche sich gegenseitig entsprechen, indem die Bergformen und die verlängerten
die schlankeren sind, die subalpinen und mittleren
gedrängter und kürzer erscheinen und die alpinen
und dachzieglichen am meisten zusammen gedrängt
sind. Die Blumen sind bei den ersten am kleinsten
und am wenigsten gefärbt, bei den zweiten grösser
und lebhafter und bei den dritten bei übrigens gleicher Zahl am grössten und stärksten gefärbt. Aehn-
lich wie die Verlängerung oder Verkürzung der
Stengel verhält sich auch die der Wurzel bei diesen
drei Formen.

Wichtig ist es, dass nach dem Verf. keine Pflanze
der Ebene oder der Berge die drei niedrigen Ge-
birgsstufen, oder keine Alpenpflanze die drei höhern
ohne bedeutende Veränderung zu bewohnen vermag,
und wenn sie ja unverändert vorkommen, so über-
springen sie vielleicht ein oder die andere Stufe
gehören wohl einem eigenthümlichen Verhältnisse,
wie *Vaccinium uliginosum* dem Moorgrunde an,
oder sind zufällig dahin gelangt, wie manche Pflanzen der Ebenen um die Sennhütten, und dann ist
ihr Auftreten bedingt und kann als Ausnahme keine
Einwendung gegen die Regel abgeben. Dieser Gegenstand verdient gewiss einer fortgesetzten Beobachtung von unsern Alpenbesteigern. Auch dürfte
der Vorschlag des Verf., dass bei einem der hoch-

gelegenen Hospize in der Schweiz ein botanischer
Garten für Alpenpflanzen angelegt würde, der Unterstützung werth seyn, da diese in unsern künstlichen Anlagen in der Ebene doch nicht mit so viel
Glück oder nur in einzelnen Formen gezogen werden können und Ref. glaubt, dass sich hierzu ganz
besonders das Hospiz des St. Bernhards eignen dürfte, von dessen so höchst achtbaren Bewohnern
sich gewiss gern einer der Leitung und Beobachtung
unterziehen würde. Vielleicht bieten auch unsere
deutschen Alpen einen günstigen Punkt für eine solche Anlage dar, die manches interessante Resultat
liefern würde.

Bemerkungen über die Abgrenzungs-
linie der Alpenvegetabilien und die
dadurch entstehenden Regionen.

Für die östliche Schweiz und die nördlichen
Abhänge der Alpen nimmt der Verf. die Schneeli-
nie zu 8000', für die Südseite und die westliche
Schweiz zu 8500' an. 1) Zwischen 7000 — 8000'
liegt die regio alpina subnivalis, diese bewohnen
die formae subacaules; 2) zwischen 6000 — 7000'
die regio alpina superior mit den mittlern Formen
und einigen kleinen Sträuchern; 3) zwischen 4000
—6000' die regio alpina media, wo der erste Baum-
wuchs beginnt; mit 6000' tritt die äusserste Grenze
der Lerche und Arve auf der Südseite, mit 5000'
die der Rothtanne auf der Nordseite der Alpen ein.
Diese Region bewohnen die formae elongatae der
höher hinauf steigenden Alpenpflanzen und über

dieselbe geht gewöhnlich keine ans der Ebene an-
steigende Pflanze hinauf und selbst Alpenpflanzen,
welche aus der untern Alpenregion aufsteigen, gehen
nicht höher, wenn sie nicht diese ganze Region über-
springen; 4) zwischen 3000 — 4000' die regio alpina inferior, wo die aufsteigenden Pflanzen der
Ebene bereits ein alpines Gepräge erlangen; 5) zwi-
szhen 2000 — 3000' die regio montana mit den verlängerten schlanken Bergformen, den herabsteigen-
den Alpenpflanzen; 6) zwischen 1000 — 2000' die
regio collina; nördlich und westlich läuft diese dann
in die regio campestris von Deutschland und Frankreich und südlich in die regio italica aus.

Von dem Ueberzuge und den Waffen
der Pflanzen und ihren Veränderungen
durch die Aussenwelt.

Was hier über Stachelbildung und Behaarung
gesagt wird, ist vorzüglich bei den vielgestaltigen
Brombeeren und Rosen zu beachten. Auch der
Abschnitt von der Kultur der Gewächse
und den Veränderungen, die sie hervorbringt, enthält manche gute Andeutung. Von den
Ursachen der Vielförmigkeit bei einzelnen Theilen. Es werden hier die Wurzel, die
Stengel, die Blätter, die Deckblätter und Kelche,
die Blumenkrone, die Staubgefässe, die Griffel und
die Frucht, die Nektarien und der Blüthenstand besonders betrachtet, und nicht nur im Wesentlichen
das schon früher gesagte hiehergehörige, hier zu-

sammengefasst, sondern auch manches Neue noch
hinzugefügt.

Ref. hätte manche interessante Ansicht des Verf.
wohl herausheben mögen, freilich aber auch manchen aufgestellten Satz widerlegen müssen, beides
hätte ihn aber zu weit geführt und genöthigt, diese
Anzeige über die Gebühr auszudehnen. Der Verf.
wird gewiss nicht in Abrede stellen, dass bei weitem nicht alles hier gesagte auf eigner wirklicher
Beobachtung beruhe und zugeben, dass mancher
Satz nur gefolgert und aus der Wahrscheinlichkeit
entwickelt wurde. Allein das kann auch dem Werke keinen Eintrag thun, denn nicht als Grundwahr-
heiten wollte der Verf. seine entwickelten Sätze aufstellen, sondern als ersten Versuch legte er seine
Erfahrungen und die Resultate seiner vielfachen
Beobachtungen hier zu einer weitern Prüfung vor.
Und in diesem Sinne muss Ref. das Werk nach
seiner vollen Ueberzeugung der aufmerksamsten
Beachtung empfehlen; es ist kein Werk für Anfänger zum Nachbeten, wohl aber wird der erfahrne
Forscher reichen Stoff und vielfache Anregung zur
weitern Prüfung und Beobachtung und manche neue
Ansicht darin finden; aber auch jenem werden die
hier gegebenen Andeutungen von grossem Nutzen
seyn, wenn sie ihn anregen, die Sache auch von einem andern Gesichtspunkte zu betrachten, ohne
sich von dem einem oder dem andern befangen zu
lassen. Tadeln muss aber Ref. den unmässigen Gebrauch der aus dem Lateinischen entlehnten Aus-

drücke als: *Stolonos*, *hirsut*, *pubescent*, *tomen-*
tos, *floccos*, *glandulos-viscos*, *glauc*, *turgid*,
fibros, *flexuos*, *campester*, *versicolor*, *intens*,
intenser, *montan*, *terrester* und noch vieler anderer. Zur Ehre unserer deutschen Sprache müssen wir bekennen, dass sie der Einschwärzung solcher Fremdlinge nicht bedarf. Jedenfalls muss ein
Missbrauch mit fremden Worten, wie dieser, ein deut-
sches Ohr beleidigen. Etwas mehr Klarheit wäre
hin und wieder wohl in der Schreibart zu wünschen, da zu häufige Wiederholungen nicht selten
ermüden und verwirren, und einer lichtvollen Darstellung des Gegenstandes entgegen treten.

§. 4. Bemerkungen über die Zahl und
Vertheilung der helvetischen Gewächse.
Hier hebt Ref. nur das angegebene Zahlenverhält-
niss heraus. Während Haller 1664 Arten und
131 Varietäten von Phanerogamen in seiner Histor.
Stirp. helv. aufführte, enthielt Suter's Flor.
helv. 1982 Arten und 321 Varietäten, also
318 Arten und 190 Var. mehr. Die zweite Auflage
dieses Werkes zählte 2474 Arten und 388 Var., also
810 Arten und 257 Varietäten mehr, als Haller.
(Gaudins flor. helv. zählt 2313 Arten ohne die
Nachträge, welche jedoch nicht sehr zahlreich sind,
der Varietäten, welche Ref. nicht zählte, sind dagegen sehr viele aufgeführt.) Die Enumeratio des
Verf. wird gegen 3000 Arten und deutlichere Formen von Phanerogamen enthalten, und da nach dessen Annahme die Zahl der Kryptogamen sich wohl
auch auf 3000 sogenannter Arten belaufen dürfte,

so steigert sich der Reichthum der Schweizer Flora
auf die grosse Zahl von 6000 unterschiedener Formen. Von jenen betrachtet der Verf. als blosse Formen 750, die kultivirten Arten und deren Formen
betragen 245, so dass von eigentlichen einheimischen
Phanerogamen nur 2000 gute Arten übrig bleiben.

Die fortgesetzten Nachrichten von den
Bearbeitern der Flora helvetica werden
vorzüglich den schweizerischen Botanikern sehr willkommen und interessant seyn, und die angehäng-
ten Berichte über einige botanische Ausflüge nach
verschiedenen Gegenden der Schweiz dürften denen,
die diese Striche besuchen, von wesentlichem Nutzen
seyn. Auch die mitgetheilten Pflanzenverzeichnisse,
besonders der östlichen Schweiz können für die
Schweizer von grösserm Interesse seyn. Besonders
wichtig ist aber nicht nur für diese, sondern für
jedem die Schweiz bereisenden Botaniker eine Nam-
haftmachung der in der Schweiz wohnenden Botaniker mit Angabe ihres Wohnortes und Bezeichnung
derjenigen Zweige, welche sie besonders kultiviren.

Ausser den bereits hier und da in diesem Werke
eingewebten Beispielen, wie der Verf. biegsame Gattungen nach seiner Ansicht bearbeitet, erörtert er
in dem Versuch einer Erklärung der Vielförmigkeit bei einigen biegsamen Gattungen nach den angegebenen Beobachtungen
noch mehrere solcher Gattungen näher, nämlich:
Callitriche, Hippuris, Veronica, Pinguicula,
Gratiola, Utricularia, Salvia, Lycopus, Circaea,

Anthoxanthum, Valeriana, Crocus, Gladiolus, Eriophorum, Scirpus, Poa, Gentiana, Epilobium, Hieracium, Salix. Wirklich aufgeführt sind aber nur *Epilobium, Hieracium* und *Salix* und die Gruppe von *Campanula rotundifolia* und *Ajuga reptans.*

Ref. enthält sich aller Bemerkungen, die sich ihm hier aufdringen, und verspart dieselben bis die Enumeratio critica vorliegt, wo sich die Methode des Verf. erst richtig beurtheilen lassen wird, da jetzt zum Theil nur die Gerippe von biegsamen Gattungen mit den Gruppen oder gentes und den dahin gehörenden Arten ohne ausführlichere Angabe des bedingenden äussern Einflusses mitgetheilt sind. Sehr zweckmässig dürfte es seyn, wenn der Verf. bei Ausarbeitung seiner Enumeratio jene Reductionen, welche auf **wirklicher Erfahrung** beruhen, oder die, welche nur gefolgert und ihm wahrscheinlich sind, auf eine beliebige Weise bezeichnen wollte, damit diese letztern ferner geprüft werden könnten, während er für die erstern selbst die Genüge leistete. Ein Beispiel mag indessen vorläufig das Verfahren des Verf. anschaulich machen.

Gens Ajugae reptantis etc.

I. Stolonosae, herbis laevioribus, minus hirsutis, basifoliis, bracteis subrotundis, floribus aquose coeruleis minoribus, rad. fibrosa.

1) *A. reptans* L. Stolonibus caule longioribus.

2) *A. caespitosa*, Stol. brevibus.

3) *A. alpina*; Subexstolonosa, grandiflora.

II. Stolonibus adscendentibus saepius floridis.
Rad. brevis incrassata repens.

4) *A. intermedia.*

III. *Extolonosae*, bracteis lobatis l. elongatis;
rad. verticalis, fibris crassis.

5) *A. pyramidalis*, isophylla, inflorescentia elongata fine rubescens.

6) *A. rupestris*, fol. radicalia maxima, inflorescentia brevis.

7) *A. bracteata*, bracteis acuminatis flore 3plo
longioribus, folia radicalia magna.

8) *A. genevensis*, caulifolia, bracteis trilobis,
cor. intense coerulea, inflor. fine rubescens.

9) *A. foliosa*, forma basifolia A. genevensis.

Die beigefügte Höhenkarte gewährt eine sehr
anschauliche Uebersicht der verschiedenen Regionen
welche der Verf. aufgestellt hat, und bezeichnet
auf der einen Hälfte die Vegetation des nördlichen
Abfalls der Alpen und auf der andern die des südlichen sehr treffend durch einige jeder Höhe eigenthümliche und diese charakterisirende Gewächse.

Durch diesen hier niedergelegten Bericht wünsch-
te der Ref. das vorliegende, der Beachtung werthe
Werk zu empfehlen, er glaubt aber auch dem ver-
dienten scharfsinnigen Verf. zugleich den Beweis
gegeben zu haben, mit welcher Aufmerksamkeit er
dasselbe durchgegangen habe.   H o r n u n g.

Literarische Neuigkeit.

Synopsis generum Compositarum earumque dis-
positionis novae tentamen monographiis multarum
capensium interjectis. Auctore Chr. Fr. L e s s i n g.
Berolini, sumtibus D u n c k e r i et H u m b l o t i i. 1832.

Ekart.

24) Coburgi, sumptibus J. G. Riemanni 1832. *Synopsis Jungermanniarum, in Germania vicinisque terris hucusque cognitarum,* cum figuris CXVI. microscopico-analyticis illustrata. 72 Seiten in 4.

Ref. glaubt, es könne ein Werk nicht ganz der allgemeinen Erwartung und dem Zeitgeiste entsprechen, was nach einem der Natur des Stoffes weniger angemessenen Plan bearbeitet ist; es kann bei einzelnen lobenswürdigen Vorzüglichkeiten ein karges Ganze darstellen, und doch von der Seite, wohin ein Autor in dieser Sphäre zielt, dem Anfänger weder von Nutzen noch Wirkung seyn. So müssen wir auch bei dieser Arbeit bedauern, dass sie ihren Zweck in so ferne verfehlt, als eine mindere Vertrautheit des Autors mit dieser Gattung aus der Bearbeitung hervorgeht, und die deutsche Flora nur in Hinsicht der aus grössern, kostbaren, nicht jedem zu Gebote stehenden Werken entlehnten Abbildungen dabei gewonnen hat. Die Flora, die nach

des Verfs. Streben dabei gewinnen sollte, ist beein-
trächtigt; ausgezeichnete Arten, als: *J. taxifolia,
fluitans Nees ab Esenb.* u. a. längst hergebrachte
sind ignorirt, andere interessante, auf heimischem
Boden zu Tage geförderte Entdeckungen, sobald sie
Lindenberg nicht erörtert, unberücksichtigt geblieben, wobei man überall die grosse Lücke bemerkt, dass der Verf. mit viel zu wenig Hülfsmitteln und Umsicht gearbeitet.

In Ansehung des Plans haben wir zu bemerken, dass die Theorie für den Anfänger, der noch
nicht zum Kenner erwachsen ist, nicht genug zusammen gehalten wird, sondern dass diejenigen Arten, die in einer Abtheilung hätten beisammen stehen müssen, viel zu weit auseinander gerückt worden sind, wodurch der Haltpunkt und eine erleich-
ternde Uebersicht gänzlich verloren geht. Das ge-
übte Auge findet sich zwar überall zurecht, aber
dem Anfänger ist eine natürliche Zusammenstellung
ein wahrer Hülfsbedarf. Ref. vermuthet, dass dem
Autor die Leistungen eines Nees von Esenbeck,
Lindenberg und Lehmann, welche die alte
abnorme Regel der Eintheilung zuerst verworfen,
und die Arten nach dem Habitus aneinander gereiht,
gänzlich unbekannt seyn müssen, sonst würde die
Synopsis einen weit vernehmbarern, reellern Zu-
schnitt haben. Das Vorhandenseyn oder der Mangel der Amphigastrien kann keine Hauptabtheilungen und Gruppen, sondern allezeit nur Unterabtheilungen bedingen; es ist längst anerkannt, dass wir

gerade in dieser artenreichen 'Gattung natürliche
Reihen haben, an welchen die Natur bald dieses,
bald jenes Organ, ja selbst den Habitus mit Vorliebe ausgestattet, wie z. B. die *Nemorosae*, *Scala-
roideae*, *Tamariscineae etc.*, an welchen die Amphigastrien nur als Unterabtheilungen hervorgehoben
werden dürfen, und so lange man nicht bei der
Bearbeitung von diesem Gesichtspunkte ausgeht, und
die Arten, wie hier geschehen, so unnatürlich durch-
einander wirft, so lange bleibt auch dem Anfänger
das Studium dieser zarten Gebilde unzugänglich.

Den unendlich langen Diagnosen, die sich mit
weit weniger Worten und enger bezeichnenden Zü-
gen hätten umreissen lassen, ohne auch nur die
Klarheit im mindesten zu beeinträchtigen, sind weder Beschreibungen noch Definitionen als auch Cri-
tiken hinzugefügt. Wir hätten gewünscht, dass sich
der Verf. mehr das Bedürfniss der Zeit, und den
Zustand derer, die noch nicht Umsicht genug haben, nach einer Diagnose zu bestimmen, in welcher Verneinungen, Bejahungen und ein ganzer Re-
genbogen der Farbenwechslung vorkommen, verge-
genwärtigt und einen strengern, nicht so relativen
Ritus gewählt hätte. Eine solche Häufung von Pleonasmen, eine solche Tautologie setzt keine Vertrautheit mit den wissenschaftlichen Grundzügen der
Kräuterkunde, geschweige mit den eng abgemesse-
nen Linien bei der Bearbeitung einer so schwierigen Gattung voraus. Zum Beweise möge hier eine
der kürzern, aber durchaus verfehlten Diagnosen
ihre Stelle finden:

Jungermannia scalaris Schrad. Caule procumbente vel ascendente, dorso radiculoso, foliis
bifariis, plus minusve dense approximatis laxeque
subimbricatis, semiverticaliter vel subhorizontaliter
patentibus, subcarnosis, — omnibus rotundatis, concavis, integris, emarginatisque, basi semiamplexi-
caulibus, caeterum dilute vel laete viridibus, flaves-
cente-fuscis vel purpurascentibus; perichaetialibus
binis, latioribus in colorem foliorum vergentibus,
utrinque basi urceolatim connatis, caeterum mar-
ginibus sursum liberis ideoque subbilabiatis, superne inaequaliter repando-emarginatis atque undulatis
plus minusve patenti-reclinatis, pseudo-calycem for-
mantibus: stipulis lato-subulatis, appressis, saepe
obsoletis: fructu terminali: calycibus subcarnosis,
albidis, ovatis, plane perichaetio urceolari immersis,
— ore subaequaliter quadridentato: capsula ovato-
rotundata.

Andere, als *J. pumila With.* sind durch
die dem Autor eigenthümliche abnorme Verbesse-
rung in der Diagnose so verfehlt, dass sie eben so
gut zu *J. sphaerocarpa Hook.* als zu *J. subapi-
cālis Nees ab Esenb.* gehört, welche letztere auch
als J. *pumila* tab. 2. fig. 13. mit Vernachlässigung
der Amphigastrien abgebildet, und nur das Peri-
chaetium auf der 13. Tabelle fig. 113. D. aus Lindenberg copirt, die eigentliche Art darstellt. Die
Synonymie ist ganz nach Lindenbergs Synops.
gehalten, und unser Autor hat von dorther auch
treulich jede Irrthümlichkeit, welche die Zeit schon

verbessert, in sein Werk herübergezogen. *Jun-germannia subapiculata Nees* ist eine sehr ver-kannte Art. Wegen der Amphigastrien, stellt sie Lindenberg noch zu J. *scalaris.* Hooker hat sie mit J. *pumila* verwechselt, und sie fig. 8 — 9 mit Nichtbeachtung der *Amphigastrien,* dargestellt. Man kann in dem Pfad, den der Verf. bei der Bear-beitung gewandelt, deutlich zwei Ruhepunkte ange-ben; überall bemerken, wo er stille gestanden, zu-rückgesehen, und die Richtung geändert; bemerken, wo er halb durch individuelles Anschauen, halb durch Muthmassungen, theils in der Beschreibung und Abbildung, theils in der Synonymie seine Ar-beit durchgeführt. Die Forschungen längst verklun-gener Jahre, die Citate von Ray, Haller, Rupp, Vaillant u. A. füllen fast ein Viertheil des Tex-tes; solche Artikel gehören wohl in eine vollstän-dige monographische Bearbeitung, aber in keine Sy-nopsis; statt dieser hätten wir gewünscht, der Au-tor hätte sich enger an die Gestaltreihen gehalten, und dafür Varietäten und Modificationen aufgeführt, in welchen eine Art oftmal so mannigfaltig wieder-kehrt, die, sobald sie Lindenberg nicht erörtert, der überall so treu copirt, auch hier übergangen werden; anderntheils trauen wir nach vorliegender Arbeit es dem Verf. nicht zu, da er das kunstmäs-sig Erörterte oft so unrichtig untergebracht, dass er die Einöde der Alten in urbares zugängliches Land verwandeln könne, auch wünschen wir in solchen Artikeln nicht blosse Darzählung der Marksteine,

sondern Bemerkungen der Plätze, wie sie verrückt
werden können. Fingerzeig und Ahnung müssen in
solchen Fällen statt des cathegorischen Imperativs
oben an stehen. Wie viel besser hätte statt dieser,
in keine Synopsis gehörenden, die Kritik und Charakteristik ihre Stelle gefunden! — Wir sprechen
hier aus Erfahrung, und fühlen es um so lebendi-
ger, da wir wissen, was der Anfänger bedarf, der
sich mit Glück an dem Studium der *Jungermannien* versuchen will. Wir unterlassen daher nicht
zu bemerken, dass es zu diesem Behufe nothwendig
gewesen wäre, den Text bündiger und geniessbarer
zu machen, die oftmaligen grossen Irrthümer zu
verbessern, die Gestaltreihen reiner und genügender
zu erörtern, und das Feld der Literatur der ganzen Richtung nach, so weit es für den Floristen
Fingerzeige gibt, nicht allein was auf den Höhen
vor ihm steht, sondern auch was reizend und an-
ziehend am Wege vorliegt, aufzunehmen. Nur auf
diese Weise kann sich der Verf. mit seinen Abbildungen wieder aussöhnen, wozu wir ihm aber eine
innigere Gemeinschaft mit den gewürdigten Forschern der Zeit wünschen müssen, damit er fühle
und ahne, was das Lallen des Recensenten sey,
wenn ἄῤῥητα ῥήματα den Geist füllen!

Es gehört nicht in den Plan des Referenten, jede Art einzeln zu beleuchten und die nicht unbedeutende Zahl der vergessenen oder auf vaterländi-
schem Boden als neue Entdeckungen hinzugekom-
menen, gehörigen Ortes einzuschalten, wobei wir

aber doch die grosse Frage aufwerfen, ob das Unternehmen ein überlegtes und der Verf. mit Scharfsinn und Umsicht genug die Natur studirt habe? —
Sobald der Autor diesen Fingerzeig verfolgte, ergibt sich alles Uebrige als reine Zugabe! — Dass
es nicht geschehen, dafür mögen einzelne Andeutungen hier noch ihren Platz finden.

Wir würden aber undankbar seyn, wenn wir
nicht vorher bemerken wollten, welche Theile vorzüglich unsern Beifall gefunden haben. Dahin gehören Anordnung und Druck, und die compendiose
Zusammenstellung der 13 Tafeln, die oftmal nur zu
gedrängt in einander fliessen. Wir hätten hierbei
gewünscht, statt der kleinen, in allen Ecken gedrängten Zahlen der Figuren lieber wie bei Martius,
den vollen Namen unter jede Art zu drucken. Unter den 114 Figuren sind die meisten Copien nach
Hooker, der *Flora danica*, theils nach Martius,
theils aus Lindenberg u. s. w. Der Verf., welcher das Ganze mit vielem Geschmack zusammengestellt, und selbst gezeichnet hat, verdient dadurch
vorzüglich den Dank des Publikums. Manche Arten als J. *Mülleri Nees von Esenb.*, J. *viridula
Nees von Esenb.* u. A. sind nicht abgebildet, andere Schottische und Irländische von Hooker,
als *cuneifolia* u. a. ganz übergangen. Wir begreifen nicht, warum eben diese, da doch sonst alle
englischen Arten dargestellt, der Reihe fehlen? —
Zur ersten Abtheilung der Foliosen: Stipulae
nullae, foliis multifariam insertis, kommt J. *tricho-*

phylla, setacea, julacea Lightf., *juniperina Sw.*
u. a. Referent ist hier gleicher Meinung, dass man
die zwei- oder mehrreihige Insertion der Blätter hervorheben, und nicht die untern, wie von den meisten Autoren geschehen, als Amphigastrien umschrei-
ben solle; eher dürfte man den Namen folia auxi-
liaria dafür hervorheben, keineswegs aber sind sie
mit den Stipulis, wie wir sie später bei den Scala-
roiden auftreten sehen, zu vergleichen. Zu *J. setacea* wird nach Lindenberg *J. Schulzii Spreng.*
gezogen, allein wir müssen gestehen, dass uns dessen wahre Stellung noch zweifelhaft bleibt. Vergl.
Schulz. Fl. Starg. Suppl. p. 90. Vielleicht ist sie
mit der hier übergangenen var. elongata Lindenb.
identisch. Wir fanden sie am Harz auf dem Brok-
ken fingerlang, doch allezeit ohne Perichätien; durch
die langen fadenförmigen Stengel, die verhältnissmässig sehr kleinen Blätter und die zarte bleichgrü-
ne Farbe hat sie etwas sehr ausgezeichnetes. Bei *J.
julacea Lightf.* wird in der langen Diagnose, die
aber unsere Art durchaus nicht scharf genug characterisirt, den Blättern ein blassgrünes silberglän-
zendes Colorit zugeschrieben; hiebei hat der Autor
sicher an die *J. concinnata Lightf.* gedacht, die
mitunter so auftritt; diese, welche wir sowohl lebend als trocken vielfach untersucht haben, zeichnet sich durch eine schmutzige Olivenfarbe aus, die
sich auf hohen Alpen ins Mattweisse fortsezt, aber
nie schimmert: die Einschnitte sind nicht ey-lan-
zettförmig, sondern vollkommen lanzettförmig, lang

und scharf gespitzt, auch sind die scharfen Sägezähne des Kelches nicht genug hervorgehoben, und der Standort auf Alpen an Felsenwänden zwischen Moosen ist unrichtig; sie wächst auf den höchsten Gipfeln der Alpen auf nackten schlüpfrigen Stellen an der Erde, wo vor kurzem der Schnee geschmolzen. Die Abart γ. *clavuligera* gehört nicht hieher, sondern zu *J. concinnata*. Bei *Jungermannia*, und namentlich bei der Abart *adunca*, ist der Standort des heimischen Bereichs, „am Harze auf dem Brocken bei der Achtermannshöhe Lammers" hinzuzusetzen. B. foliis bifariis * foliis indivisis. 7. *Jungerm. asplenioides.* Hiebei ist die Formenreihe ganz ausser Acht gelassen, eben diese Art tritt mit dornig-gesägten, gezähnelten als auch ganzrandigen Blättern auf, ohne deren Stellung, die Grösse und das Colorit zu berücksichtigen, was nothwendig hätte erwähnt werden müssen, und die von mehr Nutzen als die alten Citate von Ray, Vaillant, u. a. gewesen wären. 8. *J. spinulosa Hook.* Copie aus dessen brittischen Jungerm. Bis jetzt noch nicht in Deutschland gefunden worden. 9. *Jung. pumila With.* ist weit verfehlt. Nur die Copie aus Lindenberg Synops. auf der 13. Tafel Fig. 113. d. ist richtig, die auf der zweiten Tafel Fig. 13 abgebildete scheint uns zu *J. subapiculata Nees von Esenb.* zu gehören. Die Diagnose ist unrichtig, und lässt sich so wie sie dasteht auf *Jung. sphaerocarpa* und letztgenannte eben so gut als auf diese anwenden: auch ist nach unsrer Ansicht ein

länglich-eyförmiger und ein verkehrt-eyförmiger
Kelch wohl von einander zu unterscheiden, die hier
wieder als Pleonasmen in der Diagnose gehäuft sind.
10. *J. lanceolata L.* davon sind die Citate nur
theilweise hieher zu ziehen. 11. *J. cordifolia*
Hook. liesse sich besser in der Diagnose statt ni-
gro-viridibus aëneo-viridibus setzen. Die Abbildungen theilweise Copie aus der Flora danica, sind
gut. Im Standort sind der Harz und die Eiffel, wo
wir sie gefunden, so wie die Vogesen, Lammers,
und die Gegend von Malmedy, woher sie uns von
unserer Freundin Libert gesandt, hinzuzufügen.
Wir sammelten in den Alpen von Norwegen eine
merkwürdige Varietät dieser Art, die gegen ½ Fuss
lang war. 12. *Jungerm. caespititia Lindenb.*
Diagnose und Abbildung aus dessen Synops. Im
Standort sind das Herzogthum Baden (Lammers),
und der Niederrhein bei Bonn, wo wir sie gefunden, dabei zu bemerken. Sie wächst auf lehmhal-
tigem Sandboden auf niedergetretenen Waldwegen
und auf überschwemmt gewesenen Plätzen, in Gesellschaft mit *Phascum subulatum* und ist sicher
noch in mehreren Theilen der Flora heimisch. 13.
Jung. crenulata Sm. davon ist die Abbildung tab.
3. fig. 25. unrichtig, und stellt *J. pumila* dar, und
nur das Bruchstück auf tab. 12·, welches aus der
Flora danica copirt, ist richtig, auch hätte sich die
Diagnose auf kaum halb so viel Worte reduciren
und weit schärfer umgränzen lassen: die Blätter
sind nicht purpurfarben gerandet, wie angegeben,

sondern haben einen verdickten, aus grössern Zellen als im Parenchym gebildeten Rand, wodurch sich diese Art sogleich characterisirt; purpurfarben erscheinen alle Organe auf Lehmboden an dem freien Lichte ausgesetzten Plätzen, an schattigen Lokalen sind sie eben so oft lichtgrün, ohne allen röthlichen Anflug. 14. *Jung. denudata Nees ab Esenb.* Ist nicht abgebildet und karg characterisirt. Wir werden bald a. a. O. Gelegenheit haben, diese Art, welche bei Bonn von uns mit Früchten gesammelt, näher auseinander zu setzen, und enthalten uns deshalb hier jeder Definition. 15. *Jung. sphaerocarpa Hook.* Ist theils nach dessen brittischen Jung. theils nach der Flora danica dargestellt. Im Standort sind die heimische Flora: der Harz und die Gegend von Bonn, wo wir sie gefunden, die Sudeten woher sie uns gütigst von Herrn Präsidenten N e e s v o n E s e n b e c k ertheilt, die Herzogthümer Nassau und Baden, wo sie von unsern Freunden G e n t h und L a m m e r s gesammelt worden, hinzuzufügen. Wir erlauben uns hier eine neue Varietät dieser Art einzuschalten:

Jungermannia sphaerocarpa β elongata nobis, caule ascendente elongato flaccido simplici, foliis remotis distichis orbiculatis planiusculis subdecurrentibus, perisporangio obovato tetragono: ore contracto plicato.

Jungerm. orbicularis Lammers in lit.

Habitat in agro Badensi inter *Cenomyce rangiferin.* (Lammers).

Diese Varietät, durch einen, 1—1¼″ langen zwischen Cenomyċen schmarotzend aufsteigenden einfachen Stengeln auf dessen unteren in Fäulniss übergegan-
genen Organen sie wurzelt, ausgezeichnet, ist in allen
Theilen grösser; die Blätter, entfernt wechselweise
zweizeilig gestellt, flach, am Grunde etwas am Stengel herablaufend, sind von bleichgrüner Farbe, fast
chlorophylllos, durchwebt mit rundlich-eckigten lo-
cker gereihten Maschen; die Perichaetialblätter aufrecht, angedrückt, der Stengel umfassend, mit der
obern Hälfte etwas zurückgeschlagen: der Kelch
gipfelständig, bauchig, verkehrt-eyförmig, fast kan-
tig, an der Mündung faltig zusammengezogen, licht-
röthlich, später mehrfach unregelmässig geschlitzt.
16. *Jungermannia hyalina Lyell.* Ist im Standort
der Harz: am Brocken, wo sie von Wallroth, und
auch von uns gesammelt wurde, hinzuzufügen. 17. J.
Doniana Hook. und 18. *decipiens Hook* sind
Schottische Arten aus Hooker copirt. 17. *Jung.*
emarginata Ehrh. Hier sind die Gestaltreihen
dieser polymorphen Art wieder, so ganz ausser Acht
gelassen, und die Abbildung ist minder characteri-
stisch. Hieher kommen noch zwei neue Arten, davon eine kürzlich vom Herrn Präsidenten Nees
von Esenbeck in den Sudeten entdeckt, und deren Beschreibung wir nächstens in der Synopsis
Jungerm. Sudetor. zu erwarten haben, und eine andere von uns am Harze aufgefundene, die wir a. a.
O. ausführlich beschreiben werden. 20. *Jung. concinnata Lightf.* Hiebei ist der Standort in Berg-

wäldern unrichtig; Referent hätte sehr gewünscht,
dass bei den seltenen deutschen Arten, wohin auch
diese gehört, die Localität ausführlicher behandelt
wäre: sie wächst allezeit nur auf kahlen Plätzen nur
auf den Gipfeln der höchsten Berge, am Brocken,
in den Sudeten und Vogesen, und versteigt sich
auf den Alpen der südlichen Kette bis an die Gränze
des ewigen Schnee's. 21. *Jung. Funckii* hat eine
so übermässig lange Charakteristik, während wir sie
bei 22. *Jung. orcadensis,* die aus Hooker copirt,
so kümmerlich zugeschnitten finden, dass man die
mindere Vertrautheit mit dieser so wie mit so vielen
anderen Arten rechtmässig dem Verfasser vorwerfen
kann. Im Standort ist bei letzterer das heimische Be-
reich: die Schneekoppe in den Sudeten Flotow,
Nees von Esenbeck, und der Brocken am Harze
wo wir sie selbst gefunden, hinzuzufügen. 23. *Jung.
sphacelata Giesecke* ist sowohl nach der Abbildung
als Beschreibung aus Lindenberg Synops. ent-
lehnt. 24. *Jung. bicrenata* ist von 25. *Jung. intermedia Lindenb.* nicht genügend unterschieden,
und die Abbildungen beider lange nicht scharf genug
gehalten; von letzterer ist sie aus Martius Fl. Erl-
ang. entnommen, die dort als *Jung. bicrenata* von
Lindenberg muthmasslich zu seiner *intermedia*
citirt ist, und also hier das primitive Artkennzeichen
vertreten muss. 26. *Jung. excisa Dicks.* Die Abbildung tab. 10. fig. 79. ist gut getroffen. 27. *Jung.
ventsicosa Dicks.* Hier hat sich der Verfasser zu
sehr an seine Vorgänger gehalten, die Citate sind

kaum zur Hälfte mit Sicherheit untergebracht, mehrere gehören ganz andern Arten an, worüber wir uns bei einer andern Gelegenheit aussprechen werden. - Hiebei unter andern Haller nach den wenigen nicht genügenden Worten zu citiren, scheint uns problematisch zu seyn, denn nicht hiernach, sonder nur durch das individuelle Anschauen, kann man in solchen Fällen richtig urtheilen.

(Besohluss folgt.)

25) Jena bei Schmid: *Flora universalis in colorirten Abbildungen*. Ein Kupferwerk zu den Schriften Linné's, Willdenow's, De Candolle's, Sprengel's, Römer und Schultes u. A. Herausgegeben von David Dietrich. Erstes bis viertes Heft 1831 — 32. Jedes Heft mit X illuminirten Tafeln. gr. Fol.

Jedes Heft soll wo möglich 100 Abbildungen, eben so viel verschiedene Gewächse auf 10 Tafeln enthalten, indem von einem jeden nur Blüthe und bisweilen, was jedoch sehr selten geschehen ist, auch andere characteristische Organe dargestellt werden. Sie sind Copien nach andern guten, zum Theil seltenen und klassischen Werken, aber auch Originalabbildungen werden nöthigen Falls versprochen.

Die bis jetzt gelieferten Abbildungen sind: Heft I.: *Gladiolus* mit 41 Arten, worunter jedoch *G. puniceus* keine wirkliche Art zu seyn scheint; *Ixia* 31 spec.; *Lilium* 9; *Amaryllis* 11. — Heft II.: *Fritillaria* 3; Cyrtanthus 8; *Amaryllis* 6; Hypoxis 10; *Lächenalia* 11; *Haemanthus* 12; *Hemerocallis* 6; *Leucojum* 5; *Galanthus* 2; *Hessea* 1; *Narcissus* 11; *Vellosia* 8. — Heft III.: *Vieusseuxia* 4; *Tigridia* 1; *Strumaria* 9; *Amaryllis* 6; *Musa* 5; *Heliconia* 1; *Gladiolus* 10; *Iris* 15; *Anthericum* 10; *Tulipa* 6; *Hyacinthus* 4. — Heft IV.: *Strelitzia* 1; *Lilium* 6; *Moraea* 10; *Ixia* 10; *Scilla* 8; *Uvularia* 7; *Paris* 1; *Narcissus* 11; *Amaryllis* 10; *Sisyrinchium* 10; *Colchicum* 4; *Bulbocodium* 2.

Aus diesem Verzeichnisse geht hervor, dass der Herausgeber besonders ähnliche Gewächsfamilien näher zusammenstellte, und dass, wenn auch die Glieder einer Gattung, wie z. B. von *Lilium, Amaryllis, Iris*, in verschiedenen Heften zerstreut sind, sie sich doch immer auf einzelnen Blättern befinden, welche dann von den Besitzern des Werkes leicht zusammengebracht werden können. Es erhellt ferner, dass viele der seltensten Gewächse abgebildet, ja manche Gattungen nach dem jetzigen Stande unserer Wissenschaft in ihren Arten vollständig repäsentirt werden. Auch das verdient unsern Beifall, dass gerade lilienartige und diesen nächstverwandte Pflanzen geliefert werden, indem diese gewöhnlich nur sehr schlecht in Herbarien conservirt sind; nur wünschten wir, dass auch wirklich noch andere charakteristische Theile, wie Zwiebeln, Blätter, genauere Zerlegung der Blüthe, besonders der Genitalien und Früchte mit angegeben wären. Zwar würde dadurch der Umfang des

Werkes vergrössert, aber auch desto nutzbarer geworden seyn. Man könnte dann schon für Herbarien zubereitete, ausländische, hieher gehörige Gewächse bestimmen, und so wäre dadurch überhaupt
ein wichtiges Hülfsmittel für das strengere wissenschaftliche Studium dieser Familien geliefert worden.
Dass manche Blume sehr grell illuminirt ist, kann
nicht in allen Fällen geläugnet werden, indess ist
es nicht selten durch die Farbengebung der Originale selber in der Natur begründet. Eben so hat
sich auch die Illumination so wie der Stich in den
spätern Heften verbessert. Es mag daher manchen
Gärtnern (vorzüglich Handelsgärtnern, um die ge-
nauern systematischen Namen kennen zu lernen)
Blumenliebhabern, ja selbst Botanikern ein sehr er-
wünschtes Werk seyn, indem sie hier (in natürlichen Farben) sonst schwierig zu bestimmende Gewächse nebeneinander für einen sehr billigen Preis
erhalten. Ihnen sey es besonders empfohlen.

Das auf dem farbigen Umschlag abgedruckte
Inhaltsverzeichniss gibt noch die häuptsächlichsten
lateinischen Synonyme und deutschen Benennungen, allein keine Diagnosen oder weitere Beschreibung der Arten. Gern sähen wir jedoch die Angabe des Vaterlandes der einzelnen Pflanzen, was
nur theilweise geschehen. Das Papier ist schön.

n k.

Bibliographische Neuigkeit.

Curtii Sprengel Flora Halensis. Editio secunda aucta et emendata. Sectio I. phanerogamica.
Halae sumtibus Kümmelii. 1832.

Literaturberichte

zur

allgemeinen botanischen Zeitung.

Nro. 15.

Alex. Braun.

26) *Vergleichende Untersuchung über die Ordnung der Schuppen an den Tannzapfen, als Einleitung zur Untersuchung der Blattstellung überhaupt;* von Dr. **Alexander Braun**. Mit 34 Steindrucktafeln. (Besonderer Abdruck aus den Nov. Act. Acad. Caes. Leopold. Carol. Nat. Curios. Bd. X. 206 S. in 4.

Es freut uns, die Leser dieses Blattes schon vorläufig auf eine literarische Erscheinung neuerer Zeit aufmerksam machen zu können, welche gewiss die Würdigung jedes Botanikers verdient. Was das erwähnte Schriftchen, dessen bescheidener Titel nur zu mässigen Erwartungen berechtigt, leistet, könnte nur das Resultat eines durch Schwierigkeiten unüberwundenen mehrjährigen Fleisses, gepaart mit einem glücklichen Talente und jener Liebe seyn, die zu geahnter neuer Erkenntniss mächtig hinreisst und die einmal eingeschlagene Bahn bis zu ihrem Ende verfolgen lehrt.

In dem Gebiete seiner Wissenschaft, in welchem bis jetzt am meisten Dunkel herrschte,

hat der Verf. Licht und Ordnung erblickt, und das
allmähliche, sichere Fortschreiten seiner Forschung,
so wie die ungezwungene Einfachheit und der ma-
thematische Zusammenhang der Resultate sprechen
für die Wahrheit der letzteren.

Diese Resultate sind:

1) Das Blatt hat nur eine Mitte, nur einen
   Punkt der höchsten Entwicklung; es gibt keine nach mehreren Seiten hin gleich vollkom-
   mene Ausbildung desselben; der Ausdruck
   Blattwirtel ist nicht in diesem Sinne zu
   verstehen.

2) Die wahre Stellung der Blätter ist durchge-
   hends spiralig und zwar so, dass nach einer
   gewissen Zahl Umläufe der Schraubenlinie eines der folgenden Blätter über dem ersten
   steht. Die Zahl dieser Umläufe mit der Zahl
   der Blätter, welche dazu nöthig sind, bestimmen den seitlichen Abstand der Blätter, oder,
   wie der Verf. diesen nennt, ihre Divei-
   genz, und umgekehrt sind durch die Diver-
   genz der Blätter, deren Ausdruck die Zahl
   der Umläufe ist, dividirt durch die Zahl der
   dazu erforderlichen Blätter, diese beiden Mo-
   mente, mithin die ganze Blattstellung bedingt.
   Die gewöhnlich in der Natur vorkommenden
   Divergenzen bilden eine einfache, mathema-
   tisch zusammenhängende Kette, von welcher
   jedoch, als Normen für seltner vorkommende

Blattstellungen, mehrere verschieden verzweigte
Seitenketten abgehen.

3) Der Wirtel ist eine Modification der Spirale,
indem sich mehrere Glieder derselben zusam-
mendrängen und unter sich gleichsam ein Ganzes bilden. Die gegenseitige Stellung der Wirtel folgt wieder den Gesetzen der Stellung
einzelner Blätter.

Vermittelst dieser Theorie, hat der Verfasser
nicht nur alle Stellungsverhältnisse des eigentlichen Blattes im bekannten Pflanzenreiche, sondern
auch die seiner Metamorphosen, der Bracteen, Se-
palen und Petalen erklärt, die schöne Symmetrie auf
dem Anthoclinium der Syngenesisten dargelegt, und
zur tiefern Erkenntniss der Composition der Blüthe
einen wichtigen Schritt gethan.

Alle Anomalien, die sich ihm auf dem Wege
zu diesen Resultaten hindernd in den Weg stellten,
hat er glücklich beseitigt und selbst in der Unge-
setzmässigkeit das Gesetz entdeckt und gerechtfertigt.

Möge das von dem Verfasser neu eröffnete Feld,
in welchem unstreitig noch viel zu leisten übrig ist,
viele Freunde finden, die es nach allen Richtungen
durchstreifen. Möge der Verf., der noch in der
Blüthe seines Lebens steht, noch lange zum Gedei-
hen der Wissenschaft wirken, und das Wenige,
was wir über das Erspriessliche seiner Forschungen hier einstweilen mittheilen, hinreichen,
dem Studium seines Werkes recht viel Freunde zu
gewinnen.   W—r.

Beschluss der Recension Nro. 24. über
Eckart's *Synopsis Jungermanniarum in Germania vicinisque terris hucusque cognitarum.*

Bei 28. Jung. *inflata Huds.* ist ebenfalls die Synonymie verwechselt. Tab. 29. Jung. *acuta Lindenb.*
Ist die Abbildung nicht scharf genug eingeprägt,
die Blätter sind zu viel geöffnet, und die Einschnitte
zu flach und halbmondförmig gehalten, und lässt
uns, so dargestellt, sie nicht von den Formen der
verwandten J. *inflata* unterscheiden, zumal, da auch
hier, wie so oft geschehen, das Zellennetz der Blätter nicht genug berücksichtigt ist. 30. Jung. *bicuspidata* stellt die var. *cylindrica* (Jung. cylindrica
Wallr. fl. crypt. germ. 1. pag. 65.) dar. Wir können hierbei nur bedauern, dass der Verf. die ganze
Varietäten-Reihe unberücksichtigt gelassen. Wären
statt der oftmaligen Ueberflüssigkeiten auch hiebei
die einzelnen variirenden Theile nur sauber umrissen, so wäre das Werk mehr ein Bedürfniss,
und würde zur Erleichterung des Studiums viel
mehr beitragen. 31. Jung. *byssacea* und 32. *con-
nivens Dicks.* sind in der reinen Artform richtig,
aber wieder die Gestaltreihen ausgelassen, die namentlich von letzterer eben so oft an Jung. *bicuspidata* gränzen, als sie auch damit verwechselt werden, doch haben wir in den herablaufenden dickern
sprödern Blättern, dem kleinern Kelch und in den
allezeit anliegenden Perichaetialblättern ein sehr con-
stantes Merkmal gefunden, sie von der so sehr variirenden J. *bicuspidata* auf den ersten Blick zu

unterscheiden. 33. *Jung. curvifolia Dicks.* 34. *Jung. capitata* Hook. Ist die Continentalflora: in den Sudeten, N e e s v o n E s e n b. und am Niederrhein, wo wir sie gefunden, hinzuzufügen. 35. *Jung. incisa Schrad.* und 36. *Jung. pusilla L.* sind richtig. Die vierte Abtheilung „foliis bifidis, segmentis vel lobis inaequaliter conduplicatis" eröffnet 37. *Jung. nemorosa Linn.* ihr folgen die Verwandten 38. *umbrosa Schrad.* 39. *resupinata Linn.* 40. *undulata Linn.* 41. *subalpina Nees ab Esenb.* 42. *curta Mart.,* von welcher wir jetzt die Früchte gefunden haben, 43. *compacta Retz.* 44. *aequiloba Schwägr.,* wo im Standort die Vogesen, L a m m e r s, hinzuzufügen. Auf die nöthigen Nachträge und Bemerkungen hiezu werden wir bei einer andern Gelegenheit zurückkommen. 45. *Jungerm. albicans L.* theilt das Schicksal so vieler andern; Antiquitäten werden erörtert, dabei die Formenreihe unberücksichtigt gelassen, und die ausgezeichnete *Jungerm. taxifolia* ignorirt.! 46. *Jungerm. obtusifolia* und 47. *Jung. saxicola Schrad.* wobei im Standort die Vogesen, L a m m e r s, und die Gegend von Malmedy, woher sie uns von unserer Freundin L i b e r t mitgetheilt, hinzuzufügen. 48. *Jung. Turneri* und 49. *Dicksoni Hook.* sind ausländische Arten aus H o o k e r copirt. 50. *Jung. minuta Dicks.* 51. *Jung. Helleriana Nees von Esenb.* erscheint hier wohl als die einzige Art, die zum ersten Male abgebildet ist. 52. *Jung. exsecta Schmid.* 53. *Jung. cochlariformis Hook,* wo-

von wir, vom Autor selbst Exemplare mitgeheilt
vor uns haben, ist sicher mit der Weissischen
Art gleichen Namens identisch. Wallroth hat sie
in neuerer Zeit am Harze bei Clausthal und am
Brocken wieder aufgefunden, da seit einer Reihe
von 40 Jahren diese immer als eine zweifelhafte
Art des heimischen Bereichs betrachtet ward. Pol-
lichs Pflanze (cfr. Flor. Palatin. 3. pag. 73) möchte
wohl dieselbe seyn, obwohl unser Freund Lammers an jenem von Pollich angeführten Standort
schon oft uud vergeblich gesucht hat. 54. *Jung.*
complanata beschliesst diese Abtheilung. Bei den
Stipulaten eröffnet 55. *Jung. scalaris Schrad.* den
Zug, die aber mit den hieher gehörigen Verwandten in den charakteristischen Theilen nicht scharf
genug gezeichnet ist. Zu 56. *Jung. polyanthos Lin.*
kömmt nach Lindenbergs Vorangang *Jungerm.*
pallescens Ehrh. als Varietät, allein seitdem wir
Früchte gesehen, ist es uns, wie auch schon früher,
nach dem Habitus und dem Standort nicht wohl
einleuchtbar, beide zu vereinen. *Jung. pallescens*
Ehrh. caule procumbente subdichotomo, foliis decurrentibus ovato-subquadratis integris vel subbi-
dentatis integerrimis, amphigastriis ovato-lanceolatis
bifidis fugacibus, calycibus lateralibus compressis
calyptra brevioribus" unterscheidet sie hinlänglich
von derselben. Man vergleiche darüber eine genügende Auseinandersetzung in Nees v. Esenbeck's
Hepatic. Javanic. p. 25. Bei 57. *Jung. anomala*
Hook. setzt der Verfasser keine Kenntniss dieser

Art voraus, da er *Jung. Taylori* damit verwechselt. Referent vermuthet, der Verf. habe *Jung.
anomala Hook.* nicht gekannt, und sich an die
Martiussche Abbildung der *polyanthos*, die eben
unsere *Taylori* darstellt, und die auch Funck in
seiner Sammlung cryptogamischer Gew. des Fichtel-
gebirges unter jenem Namen geliefert, gehalten.
Wir halten es hier für überflüssig, solche Fehlgriffe
auseinander zu setzen, denn sonst würde ihm der
Unterschied der *Taylori*, mit ihrem compacten
Wuchse, ihren lederartigen firmen Blättern und
ganz verschiedenem Zellgewebe und anders geform-
ten Kelchen, von *anomala*, welche in der Statur
mehr an *J. pumila* und *scalaris* angränzt, in allen Organen zarter und durchsichtig ist, und ein
ganz anderes Maschengewebe hat, nicht entgangen
seyn. 58. *Jungerm. Sphagni Dicks.* tritt in ausgezeichneten Varietäten auf, die wir hier ebenfalls übergangen finden. 59. *J. Schraderi* und 60. *viticulosa*
Engl. bot. sind richtig, aber zu 61. *Jung. Tricho-
manes* ist wieder *Jung. Sprenglii Mart.* als Synonym gezogen, und nicht einmal als Abart erwähnt. Referent kann eine solche Behandlung bei
ausgezeichneten Formen, wenn auch nur Varietäten,
nicht wohl billigen. 62. *Jung. bidentata L.* dürfte
vielleicht die Abart β *obtusata Hook.* auszuschlies-
sen seyn. Wir kennen bis jetzt keine Früchte, allein an den uns von Hooker mitgetheilten Exemplaren finden wir in der Blattform und Stellung
eine solche Verschiedenheit, dass sie sich schon hiernach als Art rechtfertigen liesse. Martius figur.

15. a., die Herr Dr. Ekart hiebei anführt, gehört
nicht hieher. 63. *Jung. Mülleri Ness ab Esenb.*
ist nicht abgebildet, die es um so mehr verdiente,
als sie sich an mehreren Orten der Flora findet,
nur verkannt wird. Dem Referent fällt dieses vorzüglich auf, da sie, nach Angabe, der Autor selbst
gesammelt hat, und durch solche Leistungen mehr
den Dank des Publikums als für die Compilation
der Copien verdient hätte. Im Standort sind die
Vogesen (Lammers) und die Gegend von Bonn,
wo wir sie gesammelt, hinzuzufügen. 64. *Jung.*
heterophylla Schrad. 65. *graveolens Schrad.*
sind richtig. 66. *Jung. scutata Web. et Mohr.*
ist trefflich abgebildet, so auch 67. *Jung. setifor-*
mis. 68. *Jung. compressa Hook.* ist theilweise
der Flora danica nachgebildet. Im Standort sind
die Salzburger Alpen, woher sie uns von unserm
verehrten Freunde Lindenberg mitgetheilt, und
der Brocken am Harz, wo wir sie selbst gesammelt,
hinzuzufügen. Wir können nur bedauern, dass
dem Werke die hieher gehörige *Jung. cuneifolia*
Hook. brit. Jung. 15. tab. 64. abgeht, die parasi-
tisch auf *Jung. Tamarisci* vorkömmt, uns eine
zweifelhafte Art ist, und die vielleicht dadurch,
dass dieses Werk zugänglicher als das kostbare eng-
lische ist, näher berichtigt werden könnte. Wir
glauben nämlich etwas ähnliches an unserer *J. Tama-*
marisci gefunden zu haben, das nach genauer sorgfältiger Untersuchung nichts als die auf die Oehr-
chen beschränkten Innovationen waren, und dürfen
sie den heimischen Forschern zur nähern Berichti

gung empfehlen. 69. *Jung. Francisci* ist die Continentalflora, der Harz, wo sie von Wallroth und uns gefunden worden, und die Vogesen, wo sie unser Freund Lammers fand, hinzuzufügen. 70. *Jungerm. quinquedentata* darf mit den hinzugezogenen Synonymen der J. *Naumanni Nees von Esenb.* und J. *Flörkii Web. et Mohr.* nicht so stehen bleiben. Beide sind als selbstständige Arten zu unterscheiden. Wir werden später einmal wieder darauf zurückkommen, und erläuternde Beschreibungen beider mittheilen. Bei *Jung. quinquedentata* ist eine ausgezeichnete Varietät *lycopodioides*, die Wallroth am Harze gesammelt und in seinem compend. fl. germ. p. 76. specifisch behandelt, hinzuzufügen. Sie wurde uns ausser von Harz auch aus den Sudeten vom Herrn Präsidenten Nees von Esenbeck, aus den Ardennen von Fräulein Libert und aus den Vogesen von Lammers mitgetheilt. 71. *Jung. attenuata Nees ab Esenb.* ist vortrefflich abgebildet, wir fügen dem Standorte noch den Harz, wo wir sie gesammelt, und die Vogesen, wo sie von unserm Freunde Lammers aufgenommen, hinzu. 72. *Jung. collaris Nees ab Esenb.* ist uns als reine Art nur vom Herrn Prof. Nees von Esenb. zugekommen, welcher sie bei Basel in der Schweiz entdeckte, alle übrigen Standorte möchten theils in Zweifel zu ziehen, theils als Irrung bei Erlangen gesammelt zu berichten seyn. Vergl. Vorrede von Nees von Esenbeck in Martius fl. crypt. Erl. p. XV. Unser Autor hat

zwar auf seiner zwölften Tafel fig. 104. eine Abbildung citirt, die sich aber nicht vorfindet. 73. J.
trilobata L. und 74. *tricrenata Wahlenb.* sind
sehr kenntlich dargestellt. 75. Jung. *deflexa Mart.,*
die hier ebenfalls vortrefflich abgebildet; sind im
Standort die Sudeten, woher wir sie vom Herrn
Präsidenten Nees von Esenbeck mitgetheilt vor
uns haben, so wie in den Vogesen, wo sie unser
Freund Lammers gesammelt, und am Harz, wo
wir sie selbst aufgenommen haben, hinzuzufügen.
Zu 76. Jung. *albescens Hook.* sind ebenfalls im
Standort die Sudeten „Nees von Esenbeck" bei-
zustellen. 77. Jung. *reptans* ist musterhaft abgebildet, aber bei 78. Jung. *viridula Nees ab Esenb.*
fehlt sie. 79. Jung. *platyphylla Linn,* 80. *lae-*
vigata Schrad., 81. *ciliaris Linn.,* 82. *Tomen-*
tella Ehrh. und 83. Jung. *Woodsii Hook.* lassen
in Hinsicht der Darstellung nichts zu wünschen
übrig, so wie auch 84. *serpyllifolia Dicks.* Bei
85. Jung. *minutissima* ist der Standort der heimischen Flora „am Harze, Wallroth" beizufügen.
Zu 86. Jung. *hamatifolia Hook.* wird hier nach
Lindenberg *Lejeunia calcarea Libertae* als Abart hinzugezogen, allein, wenn wir auch die Gattung unsrer werthen Freundin, als von den Jungermannien trennbar, kaum möglich halten, so ist doch
die Art keineswegs mit Jung. *hamatifolia* zu vereinen. Unsere Untersuchung stützt sich hier von
beiden Seiten auf Original-Exemplare, deren Resultate wir baldmöglichst den heimischen Forschern

vorzulegen uns bestreben werden. 87. *Jung. calyptrifolia Hook.* geht bis jetzt unserer Flora ab. 88. *Jung. Mackii Hook.* haben sowohl Wallroth als auch wir am Harze gefunden. 89. *Jung. Hutchinsiae Hook.* ist musterhaft copirt, und ebenfalls bis jetzt nur in Irrland gefunden. Die Foliosen beschliessen unter Nro. 90. *J. dilatata* und 91. *Tamarisci Lin.* Wir haben diesen, als schon in frühern Werken erörterten, für die deutsche Flora noch beizugesellen: *Jung. Hoffmanni Wallr.* Comp. fl. germ. 1. p. 51., die sich wesentlich von J. *ciliaris* unterscheidet, ferner J. *planifolia Hook.* Jung. tab. 67., die Wallroth am Harze gesammelt, und *Jung. gypsophila Wallr.* die von demselben Autor in Thüringen entdeckt wurde. Den Frondosen haben wir eine neue Art: *Jung. Blyttii* flor. danic. tab. 2004. „fronde oblongo-obovata divisa membranacea costata margine sinuato-crispa, fructu e superiore parte frondis, perichaetio perbrevi carnoso laciniato, calyce cylindrico apice dentato, calyptra inclusa‟ beizufügen, die vor einigen Jahren von unserm norwegischen Freunde Blytt in Stördelen bei Drontheim entdeckt wurde, wo wir sie selbst im Jahre 1828 gesammelt, und die kürzlich auch in der Eiffel zwischen Bonn und Trier, von uns gefunden ward. Eine sehr genügende Charakteristik dieser findet sich in dem Pugillus von Lehmann vom Jahre 1831 pag. 35., Bei *Jung. violacea Weber* Prodrom. haben wir zu bemerken, — dass sie eine auf Eisen-Ocker absetzendem Boden erzeugte Jung.

furcata sey, die unser Freund L a m m e r s bei K a i-
s e r s l a u t e r n observirt, und in sämmtlichen Ue-
bergängen uns mitgetheilt hat.

Dass der Verf. die vielfachen neuen Entdeckungen nicht gekannt, oder benutzt, andere, die noch
nicht abgebildet waren, auch, nicht abgebildet habe,
wollen wir ihm nicht zum Vorwurfe machen, wenn
es ihm genügt, eine Gattung zu bearbeiten, ohne
nach dem Drang der Vollkommenheit zu streben.
Vielfach werden an vielen Orten die Jungermannien
jetzt in unserer Flora beobachtet, und eben so mannigfaltig sind die Beiträge theils an neuen, theils an
zeither nicht in ihren Bereichen gefundenen Arten,
die wir baldmöglichst versuchen werden, den heimischen Forschern geordnet vorzulegen.

Bonn im April 1832.

W. P. H ü b e n e r.

R ü c k e r i n n e r u n g
*auf die in dem Literaturberichte Nro. 2. zur
botanischen Zeitung enthaltene Recension
meiner Flora des Unterdonaukreises.*

Der Herr Recensent macht mir 1) zum Vorwurf,
d a s s i c h k e i n e Gattungscharaktere angegeben habe. Allein diejenigen, die sich bei uns
mit Botanisiren abgeben, besitzen, wie ich wohl wusste, die nöthigen Schriften, um zu Hause die Gattung
bestimmen zu können, die so viele Schwierigkeiten
nicht darbietet; zu grossen botanischen Excursionen
aber, wo es bequem wäre, in einem oder zwei Band-

chen, die man allenfalls in die Tasche schieben kann,
alles beisammen zu haben, haben diese jungen Geistlichen nicht Zeit, doch werde ich im 2ten Theile diesem Bedürfnisse abhelfen.

2) werden die gegebenen Diagnosen der Arten
veraltet genannt; allein das Gute in den Wissen-
schaften veraltet nie; dass sie aber gut sind, dafür
bürgt ihre Abkunft; und ich habe mich durch vielfäl-
tige Vergleichung mit der Natur, die hierüber am besten entscheiden kann, von ihrer Güte überzeugt.

3) heisst es: würde es zweckmässiger gewesen seyn, die Standörter, wenigstens
von den seltnern Pflanzen genauer anzugeben; das hätte ich wohl gekönnt, allein für diejenigen Botaniker, die ich im Auge hatte, war es überflüssig; doch werde ich diess wegen auswärtigen Botanikern in der Folge thun.

Was aber 4) die eigenthümlichen phyto-
geographischen Verhältnisse betrifft, so werde ich selbe, da sie durchaus nicht hieher gehörten,
in einer botanischen Zeitschrift niederlegen.

Was ferner 5) die Citate guter Beschreibungen und Abbildungen betrifft, so wären sie
hier lächerlich gewesen, da sich solche ein Landkaplan
nicht anschaffen kann.

6) zweifelt Hr. Recensent, ob ich die Pflanzen
richtig bestimmt habe und führt als Beispiel die
Veronica acinifolia und andere an. Allein schon
Schranck führt diese in seiner Bayerischen Flora als
bei Gern, eben so die meisten deutschen Floren als in
Bayern wachsend an. Um zu beweisen, dass die be-
zweifelten Pflanzen wirklich im Unterdonau-Kreise
wachsen, werde ich bei Gelegenheit Exemplare davon
an die Redaction übermachen, und die Standorte auf
das Genaueste angeben.

Wie dem Hrn. Recensenten bei Carduus defloratus
die deutsche Benennung Frauendistel auffallen
kann, verstehe ich nicht, da so viele Botaniker dieselbe gebrauchen, obschon sie zu Missverständnissen
Veranlassung geben kann. Auch bei der Angabe
des Nutzens soll ich manches Unrichtige gesagt
haben. So z. B. von der Valeriana montana. Allein
sie wird wirklich in mehreren Ländern, und namentlich in Sachsen, als Arzneymittel angewendet, weil sie
wirksamer ist als die gewöhnliche officinelle. — Die
Beeren von Lonicera Xylosteum sind allerdings giftig,
da mir mehrere Vergiftungen von Kindern durch selbe
aus der hiesigen Gegend bekannt sind; die Beeren des
Seidelbastes und der Einbeere isst bei uns Niemand,
und darum schwieg ich davon, dagegen die ersten von
Kindern vielfältig für wilde Kirschen gehalten werden.
— Dass Tamarix german. zur Gewinnung von schwefelsaurem Natron benützt werden könne, sagt Boh-
mer in seiner Techn. Geschichte der Pfl. I. pag. 711. —
Scorzonera humilis wird als Arzneymittel in Murray,
apparatus etc. I. pag. 160. angegeben, ebenso Polygala,
vulgaris II. pag. 444. —

Wenn der Hr. Recensent zuletzt den Wunsch äussert, dass doch endlich einmal Hr. Prof. Zuccarini
die versprochene Flora von Bayern erscheinen lassen
möchte, so theile ich diesen Wunsch mit ihm, bin
aber der Ueberzeugung, dass wir nicht eher eine wahre und vollständige Flora von Bayern erhalten können, bis nicht die Specialfloren der einzelnen Kreise
gehörig bearbeitet sind. — Uebrigens bin ich dem
Hrn. Recensenten für die strenge Kritik sehr verbunden.

Passau.   Leopold Reuss, Domvikar.

Antwort des Recensenten.

Rec. entspricht der von der löbl. Redaction an ihn

ergangenen Aufforderung, sich gegen die ihm hier gemachten Einwürfe zu vertheidigen, nicht sowohl in
der Absicht, um seine früher ausgesprochenen Ansichten mit unbeugsamer Beharrlichkeit durchzufechten,
als vielmehr um dem würdigen Hrn. Verf. durch nähere
Verständigung über die berührten Punkte ein Zeichen
zu geben, dass er frei ab ira et studio nur der Wahrheit das Wort zu sprechen wünscht.

Ad 1) 3) et 5). Rec. konnte unmöglich wissen, dass
der Verf. sein Werk nur für die Landgeistlichen seiner Gegend bestimmte, und dass diese bereits im Besitze anderer Werke zur Bestimmung der Gattungen
sind (was jedoch, nach 5) zu schliessen, nicht durch-
gehends der Fall seyn dürfte). Darüber nun aufge-
klärt, nimmt er gern seinen Vorwurf zurück, um
so mehr, da der Hr. Verf. im 2ten Theile Abhülfe für
diesen Mangel verspricht.

Ad 2). Das Gute in der Wissenschaft veraltet allerdings nie, aber die Wissenschaft schreitet auch vorwärts, jeden Tag neues Gute gewinnend. Indem wir
in die Forschungen der neuern Botanik eingehen,
und sie uns eigen machen, reissen wir nicht das alte
Gebäude nieder, sondern betrachten es nur als den
Grund, an den sich fortwährend neue Steine anfügen
lassen, so lange Botaniker anf Erden wallen.

Ad 4). Ob die eigenthümlichen phytogeographi-
schen Verhältnisse in einer Bezirksflora an ihrem Platze
sind, darüber möchte, seit Meyer's Flora von Han-
nover, Spenner's Flora Friburgensis; Radstadts Flora von Frank, u. a. mit dem Beispiele vorangegan-
gen, schwerlich ein gegründeter Zweifel herrschen.

Ad 6). Schranck's Autorität bei Veronica acinifolia hat kein Gewicht, seine Beschreibung ist unvoll-
ständig und das Pollichsche Citat, welches er an-

führt, gehört zu V. praecox All., die allerdings in
Bayern vorkommt. (Vergl. hierüber auch Mert. und
Koch deutsche Flora. Bd. I. pag. 329. etc.) Der Name Frauendistel gebührt wohl mit mehr Rechte
dem Carduus Marianus. Die irrige Angabe, dass Valeriana montana in mehreren Ländern, namentlich in
Sachsen, als Arzneymittel angewandt werde, hat wohl
darin ihren Grund, dass die schmalblättrige Abart der
V. officinalis, welche auf trocknen Bergen vorkommt,
und deren Wurzel vor der auf Wiesen wachsenden
bedeutende Vorzüge besitzt, in einigen ältern Schriften als V. montana nobilis aufgeführt wird. Die wahre V. montana L. besitzt einen dicken, vielköpfigen
Wurzelstock, der sich durchaus nicht zum medizinischen Gebrauche eignet. — Wenn auch die Beeren
des Seidelbastes und der Einbeere in der Gegend des
Hrn. Verfs. noch nicht Grund einer Vergiftung wurden,
so wäre es doch nicht unzweckmässig, vor möglichen
Fällen dieser Art zu warnen. Scorzonera humilis und
Polygala vulgaris waren allerdings früher zum arzney-
lichen Gebrauche empfohlen, finden sich aber heut
zu Tage in keiner der allgemeiner bekannten Phar-
macopöen aufgeführt. Mit demselben Rechte hätte der
Herr Verf. noch viele andere Pflanzen als officinell bezeichnen können.

Rec. wünscht übrigens dem Herrn Verf. Zeit und
Musse zur Bearbeitung des zweiten Bandes seiner Flora,
und bittet nochmals, über die abweichenden Ansichten, die er über einzelne Gegenstände zu äussern sich
erlaubte, die Achtung nicht zu verkennen, mit der er
ihm, als einem eifrigen Freund und Beförderer der Botanik in einer wenig bekannten Gegend, die Hand
zum Freundschaftsbunde bietet.

Der Recensent.

Nro. 16.

Fritzsche.

28) Julius Fritzsche, *Beiträge zur Kenntniss des Pollen.* Istes Heft. Berlin, Stettin und Elbing. 4. 48 S. mit zwei colorirten Steindrücken. (Angezeigt von Dr. Hugo Mohl.)

Es wäre in der jetzigen Zeit, wo die Lehre von der Generation der Gewächse durch eine Reihe überraschender Entdeckungen die reissendsten Fortschritte gemacht hat, überflüssig, näher auseinanderzusetzen, von welchem Werthe eine genaue Untersuchung des Pollens ist. Jeder, der mit Genauigkeit die Pollenkörner von auch nur wenigen Pflanzen untersuchte, wird gefunden haben, dass die bisherigen Untersuchungen dieses Organes, so wichtig sie auch für die Lehre von der Erzeugung der Gewächse sind, in Hinsicht auf die Schärfe der Beobachtung noch viele Wünsche unerfüllt lassen, dass eine Revision und Berichtigung der einander in vielen Puncten sehr widersprechenden Beobachtungen, und eine weitere Ausdehnung der Untersuchung über eine grössere Anzahl von Pflanzen ein sehr nöthiges Unternehmen ist. Mit Vergnügen sehen wir daher das

Erscheinen der vorliegenden, mit Sorgfalt ausgear-
beiteten Schrift, und insbesondere freut sich der
Referent, welcher in den lezten Jahren eine grössere
Reihe von Beobachtungen über den Pollen machte,
und gegenwärtig selbst eine Schrift über diesen Gegenstand im Drucke hat, im Verfasser einen im
Gebrauche des Microscopes, sehr gewandten Mitar-
beiter auf diesem schwierigen Felde der Beobachtung gefunden zu haben, indem es der Sache selbst
nur zum Nutzen gereichen kann, wenn über diesen
intricaten Gegenstand von verschiedenen Seiten un-
abhängige Untersuchungen geführt werden.

Die Schrift von Fritzsche beginnt mit einer
Beschreibung der von ihm angewendeten Methode,
den Pollen zu untersuchen, welche darin besteht,
dass er denselben der Einwirkung einer Mischung
von 2 Gewichtstheilen concentrirter Schwefelsäure
und 5 Theilen Wasser aussetzte.

Der erste Abschnitt enthält nun die Beschreibung der Veränderungen, welche die auf diese Weise
behandelten Pollenkörner erleiden, (pag. 3 — 6) und
eine Aufzählung der vom Verf. beobachteten Formen
der Pollenkörner, (p. 6 — 18). Die durch die Säure
hervorgebrachten Veränderungen beschreibt der Verf.
weitläufig von dem Pollen von *Corylus Avellana*
und *Grevillea rosmarinifolia*. Der Pollen von
Corylus ist rund, in Säure gebracht, wird er drei-
eckig, und zeigt in seinem Innern einen mit seinem
äussern Umrisse parallelen Strich, welcher in den
Ecken der Körner mit dem erstern zusammenläuft.

Auf jeder Ecke findet sich ein rundes Loch. Der dunkle Kern des Kornes dehnt sich aus, tritt aus den Löchern der Ecken unter der Form kleiner Blasen hervor, welche sich bald in Schläuche verwandeln, deren Länge den Durchmesser des Kornes übertrifft. Statt der frühern 2 Striche im Innern des Kornes erscheinen nun deren 3, von welchen der 3te deutlich in die Schläuche verläuft, so dass also die innere Masse sich von den Wänden des Pollenkornes losgelöst hat, und mit den, durch die Löcher herausgetretenen Schläuchen zusammenhängt. Der Pollen von *Grevillea* besitzt drei vorstehende, ungefärbte Ecken, das plattgedrückte Korn selbst ist gelb. Auch bei diesem Pollen, wenn er in Säure gelegt ist, sieht man im Innern einen Strich, welcher aber an der ganzen Peripherie ununterbrochen herumläuft; an den Ecken, an der Gränze der gelben Färbung, ist ein Querstrich. An diesem Querstriche löst sich nun die ungefärbte, eine Ecke bildende Haut los, schlägt sich zurück, und die innere Masse quillt hervor. Der Schlauch zieht nun bald die innere Masse gänzlich nach sich; diese tritt entweder ganz aus dem Korne heraus, oder bleibt noch mit einem Ende in ihm stecken. Bei dem leeren Korne sieht man nun die Haut der Ecken sich in den innern Strich des gelben Theiles des Pollenkornes fortsezen. Es besteht also dieser Pollen aus einer gelben Haut, welche an 3 Stellen mit Löchern versehen ist, durch welche in Form einer Blase die innere ungefärbte Haut hervorragt;

diese innere Haut schliesst den körnigen Inhalt ein,
wird durch die Einwirkung der Säure zerrissen, und
die innere Masse zieht sich unter der Form eines.
Schlauches heraus.

Dieses sind die Fundamentalbeobachtungen,
auf welchen des Verf. Ansicht über den Pollen beruht, wir wollen dieselben desshalb in eine etwas
nähere Betrachtung ziehen, vorher aber noch einige
spätere Bemerkungen des Verf., welche mit den beschriebenen Erscheinungen in der nächsten Verbindung stehen, anführen. Derselbe sagt nämlich
(p. 34.) bei Untersuchung der Frage, ob nicht noch
eine dritte Haut vorhanden sey, dass der Inhalt des
Pollenkornes, wenn man Wasser, statt Säure an-
wende, ebenfalls aber nur zum Theile austrete, sich
zwar nicht mit dem Wasser menge, allein wegen
seiner unregelmässigen Form nicht als von einer
Haut umschlossen angenommen werden könne. Die
scharfen Umrisse, welche bei der Anwendung von
Säure die Schläuche besitzen, scheinen zwar für die
Existenz einer solchen dritten Haut zu sprechen,
allein es seyen nicht immer die Umrisse so scharf,
und man sehe theils eine allmählige Verschmelzung
derselben mit der Säure, theils zeigen sie so viele
unregelmässige Einbiegungen, dass auch die dehn-
barste Haut solche nicht annehmen könne. Man
könne daher keine dritte Haut annehmen, sondern
müsse schliessen, dass die Schläuche aus dem vielleicht eiweissartigen Inhalte der Pollenmasse gebildet
werden, wie dieses auch bei den bei der Befruch-

tung thätigen Schläuchen („natürliche Schläuche" des Verf.) der Fall sey, welche ebenfalls die innere Pollenhaut durchbrechen, und ihre Entstehung einem vegetabilischen Lebensprocesse verdanken.

Mit diesen Ansichten über den Bau des Pollenkornes und die Entwicklung der Schläuche kann ich, meinen Untersuchungen zufolge, in manchen Punkten nicht übereinstimmen. Was zuerst die Oeffnungen der äussern Pollenhaut betrifft, in welchen die innere Haut frei liegen, oder durch welche sie, wie bei *Grevillea*, unter der Form von Warzen protuberiren soll, so widersprechen dieser Angabe meine Untersuchungen auf das bestimmteste, indem ich keinen, mit scheinbaren Poren versehenen Pollen fand, bei welchem ich nicht, wenn ich die äussere Pollenhaut von der innern ablöste (denn dieses ist beinahe bei allen Pollenkörnern möglich) mit der bestimmtesten Deutlichkeit die äussere Haut über die Pore fortgesetzt fand. *) Es verändert sich dabei in den meisten Fällen der Bau der äussern Haut, soweit sie die scheinbare Pore überzieht, indem sie gewöhnlich unter der Form einer sehr zarten, gleichförmigen Membran erscheint, z. B. bei den *Onagrarien*, *Proteaceen*, *Malvaceen* etc., in andern Fällen behält sie hingegen einen der übrigen Haut

---

*) Hievon sind natürlicherweise diejenigen Pollenarten ausgeschlossen, bei denen die Poren so klein sind, dass sie auch unter einer starken Vergrösserung nur als ein Punkt erscheinen, indem sich hier uber den Bau der Poré nichts entscheiden lässt.

ähnlichen Bau, und löst sich alsdann, wenn die
Schläuche hervordringen, von der übrigen Haut unter der Form eines kleinen Operculum ab, z. B. bei
manchen *Dipsaceen, Sileneen, Passifloren,* bei
dem *Kürbis.*

Es beweist dieses also, dass der Schluss, welchen Fritzsche aus dem Ablösen der Warzen von
Grevillea zog, (dass nämlich die innere Pollenhaut
von dem Schlauche durchbrochen werde) zu vorei-
lig war, indem der Schlauch wohl aus der zweiten
Haut hätte gebildet seyn, und die äussere Haut
durchbrechen können.

Was nun die Fragen betrifft, ob die Schläuche
von der 2ten Haut, oder aus der innern Masse, oder
ob sie aus einer 3ten Haut gebildet sind, so wurde der
Verf. bei deren Beantwortung durch den Umstand,
dass er den natürlichen und den künstlichen Schläuchen denselben Ursprung zuschrieb, auf einen falschen Weg gebracht. Dass eine dritte Haut nicht
vorhanden ist, darinn stimmen meine Beobachtungen
mit denen des Verf. überein, hingegen mit Ausnahmen, indem ich bei einigen Pollenkörnern mit Bestimmtheit drei Häute fand; da diese Fälle aber nur
Abweichungen von der Regel sind, so kommen sie
hier nicht in Betracht. Dagegen kann ich dem Verf.
nicht beipflichten, wenn er den natürlichen Schläuchen, und den bei Anwendung von Säure gebildeten den gleichen Ursprung zuschreibt. Wenn man
ein Pollenkorn in Wasser bringt, so saugt es, wie
dieses auch andere Pflanzenzellen thun, das Wasser

begierig ein, und schwillt in Folge des Ausdehnungs-
vermögens seiner Häute, besonders der innern Haut,
mehr oder weniger auf. Die äussere, festere Haut
gibt bis auf einen gewissen 'Grad der Ausdehnung
der innern Haut nach; an den Puncten, wo in der
äussern Haut scheinbare Poren sind, drängt sich nun
die mit einem stärkeren Ausdehnungsvermögen versehene innere Haut hervor, durchbricht die an dieser
Stelle sehr dünne äussere Haut, oder stösst, wenn die
Pore durch einen Deckel verschlossen ist, denselben
ab, und dringt unter der Form einer Warze aus der
nun entstandenen Oeffnung hervor. Besitzt die innere Haut ein bedeutendes Ausdehnungsvermögen,
so verlängern sich diese Warzen in lange Röhren,
z. B. bei den *Geranieen, Dipsaceen,* bis sie endlich einreissen; oder es reisst bei geringerem Ausdehnungsvermögen die innere Haut schon ein, so lange sie
noch unter der Form einer kleinen Warze erscheint.
Sobald die innere Haut einen Riss erhalten hat,
zieht sich die äussere Haut vermöge ihrer Elastici-
tät mehr oder weniger in die Form, die sie beim
trockenen Korne hatte, zusammen, und treibt die
Fovilla aus; dieses geschieht häufig sehr rasch, die
Fovilla wird in einem Strahle ausgestossen, gerinnt
etwas im umgebenden Wasser, und das Pollenkorn
wird zugleich durch die Rückwirkung hinter sich
getrieben. Dieses ist die gewöhnliche Erscheinung.
Häufig widersteht aber die innere Haut der durch
das Wasser bewirkten Ausdehnung und reisst nicht
ein; und nun gelingt es zuweilen durch Ablösung

der äussern Haut die innere mit ihren schlauchför-
migen Anhängen isolirt darzustellen, wobei kein
Zweifel bleiben kann, dass die Schläuche wirkliche
Fortsetzungen der innern Haut sind.

Ganz derselbe Vorgang findet statt, wenn die
Schläuche in Folge der Einwirkung der stigmatischen
Feuchtigkeit sich entwickeln, indem auch hier beständig die Schläuche als eine Verlängerung der innern Haut erscheinen.

Ganz anders verhält es sich dagegen, wenn man
die Pollenkörner in Mineralsäuren bringt; diese
wirken nämlich auf kräftigere Weise, als das Wasser, und bewirken das Platzen des Kornes und Aus-
strömen der Fovilla. Die Fovilla gerinnt nun, und
stellt allerdings zuweilen die Form eines Schlauches
dar, meistens aber erscheint sie unter der Form einer mehr oder weniger unregelmässigen, verworrenen Masse. Diese Unregelmässigkeit in der Form
der ausgetretenen Masse, die Abhängigkeit ihrer
Bildung von der geringern oder stärkeren Concen-
tration der Säure, von dem raschern oder langsa-
mern Stosse, mit welchem die Fovilla ausgetrieben
wird, zeigen deutlich, dass hier ein ganz anderer
Vorgang ist, als bei der Entwicklung der cylinder-
förmigen, aus einer zarten, gleichförmigen, durch-
sichtigen Membran gebildeten Schläuche; ebendess-
halb erlauben sie aber keinen Schluss auf die Structur
des Pollens und seine im natürlichen Zustande vor
sich gehende Veränderungen.

Der Verf. beschreibt nun pag. 6 — 18 die ver-

schiedenen Formen der Pollenkörner. Es ist dieses
der gelungenste Theil seiner Arbeit; es finden sich
zwar manche, und zum Theil höchst interessante
Formen nicht aufgezählt, ich bin aber weit entfernt
dem Verf. hierüber einen Vorwurf zu machen, weil
er, seine Arbeit noch nicht als eine vollendete gibt,
und weil auch ich mich nicht dazu für berechtigt
hielte, da auch mir noch viele Formen entgangen
seyn mögen; ich beschränke mich daher, ohne näher
auf die von mir gefundenen Formen einzugehen,
auf einige Bemerkungen über solche Punkte, die
vom Verf. nicht vollständig beobachtet zu seyn
scheinen.

Der Verf. betrachtet zuerst die mit Furchen
versehenen Pollenarten; die Furchen entstehen durch
eine Entfaltung der Pollenhäute. Der Verf. theilt
diese Körner nach der Zahl der Furchen in Unterabtheilungen, nämlich in solche mit 1, 2, 3 (die
gewöhnlichste Form), 4, 6, 10, 21 Furchen. Bringt
man diese Pollenkörner in Säure, so verschwinden
die Furchen, das Korn dehnt sich in die Breite aus,
zieht sich von oben nach unten zusammen, und es
treten nun an der Stelle, wo die Furchen ver-
schwunden sind, Warzen hervor, durch welche
Schläuche hervordringen. Die Zahl der Schläuche
sah er in 2 Fällen nicht mit der der Furchen übereinstimmen.

In Beziehung auf diese Abtheilung der Pollenkörner muss ich bemerken, dass der Verf. auf einen
Hauptunterschied der mit Furchen versehenen Pol.

lenarten nicht aufmerksam war, indem er diejenigen
Pollenkörner, in deren Furchen scheinbare Poren
liegen, nicht von denen unterschied, in welchen
die Haut der Furche eine gleichförmige Bildung
zeigt. "Zu den lezteren gehören, so weit meine Beobachtungen bis jezt reichen, alle Pollenkörner,
welche mit 1 oder 2 *) Furchen versehen sind, ferner ein grosser Theil von den mit drei oder mehreren Furchen versehenen Körnern. Dagegen finden
sich wieder in sehr vielen mit 3 oder mehreren
Furchen versehenen Pollenkörnern regelmässig Poren
in den Furchen, und zwar, was das häufigste ist,
in der Mitte jeder Furche eine Pore, oder abwechselnd in einer Furche eine Pore, und in der andern
keine, oder in jeder Furche 2 Poren, oder in jeder
Furche, und zwischen je 2 Furchen auf der Oberfläche des Kornes eine Pore. Die Anwesenheit oder
Abwesenheit von Poren bedingt, wenn die Pollenkörner in Wasser gebracht werden, die Entwicklung oder den Mangel von regelmässigen Warzen
oder Schläuchen; dieses aber ist nicht mehr der
Fall, wenn die Pollenkörner dem Einflusse der stigmatischen Flüssigkeit ausgesezt sind, indem hier auch
solche Körner, die keine Poren besizen, Schläuche
entwickeln.

---

*) mit Ausnahme der mit 2 Furchen versehenen Arten
von Justicia, diese bilden aber nur eine Abweichung von dem mit 3 Furchen versehenen
Pollen, indem die Justiciaarten 3 Furchen
besitzen.

Der Verf. geht pag. '11 zu den Pollenkörnern.
ohne Furchen über, und betrachtet zuerst diejenigen; in deren äusserer Haut, keine Löcher sind.
Als erste Form zählt er diejenigen auf, welche im
trockenen Zustande eine unregelmässige Form besitzen, wohin er den Pollen von einigen *Coniferen*
z. B. *Cupressus*, und den von *Carex* zählt. Es
scheint mir nicht passend, aus diesen eine eigene
Abtheilung zu machen, da auch andere dünnhäutige
Pollenkörner durch Eintrocknen eine unregelmässige
Form bekommen. Der Pollen von *Carex*, gehört
nicht in diese Classe, da derselbe (wie überhaupt
der Pollen der *Cyperaceen*) eine mehr oder weniger protuberirende Warze besitzt. Die im trockenen
Zustande runden Körner theilt der Verf. in zwei
Abtheilungen, je nachdem sie glatt oder mit Stacheln
besetzt sind.

Der Verf., geht nun zur Betrachtung solcher
Pollenkörner über, deren äussere Haut aus mehreren
Theilen besteht; hierher zählt er den Pollen von
Berberis Aquifolium, von dessen äusserer Haut
er glaubt, dass sie wahrscheinlich aus 7 tellerförmi-
gen Stücken zusammengesetzt sey. Diesen Pollen
habe ich nicht untersucht, der von *Berberis vulgaris* und *canadensis* gehört zu einer vom Verf.
nicht beobachteten Reihe von Bildungen, bei welchen die äussere Haut durch Falten, die nicht in
der Längenrichtung des Kornes liegen, sondern bald
den Kanten verschiedener mathematischer Körper,
wie des Würfels, Dodecaëders etc. entsprechen, bald

in gewundener Richtung .verlaufen, auf mannichfach wechselnde Weise eingetheilt ist, worüber ich jedoch auf meine nächstens erscheinende Schrift verweisen muss.

Als zweite Form dieser Abtheilung betrachtet der Verf. die mit Deckeln versehenen Pollenkörner von *Passiflora*, von deren verschiedenen Formen er richtige Beschreibungen gibt.

Als zweifelhaft stellt der Verf. auch den Pollen von *Pinus sylvestris* hierher, ist jedoch ungewiss, ob jedes Pollenkorn dieser Pflanze von einem einfachen Korne, oder von zwei sterilen und einem ausgebildeten Korne bestehe. Es ist keine Frage, dass das erstere der Fall ist, mit dem Pollen von *Passiflora* kann aber meiner Ansicht nach der von *Pinus* nicht verglichen werden; ich betrachte ihn als eine Mittelbildung zwischen dem mit einer, und dem mit 3 Furchen versehenen Pollen.

Die dritte Klasse des Verf. wird von solchen Pollenkörnern gebildet, deren äussere Haut von Löchern durchbohrt ist; dass diese Löcher nur scheinbar sind, habe ich schon oben bemerkt. Pollen mit Einem Loche fand der Verf. bei den Gräsern; bei andern Pflanzen steht eine mehr oder weniger grosse Anzahl von Löchern (meistens 3) in einem Kreise. Endlich gibt es Pollenarten, bei welchen die Löcher über die ganze Oberfläche des Kornes vertheilt sind; ihre Form ist entweder rund, oder sie besitzen (bei den *Sileneen*) die Gestalt eines Pentagonaldodecaëders, dessen Flächen in der Mitte ein rundes Loch haben.

Als letzte Abtheilung zählt Fritzsche diejenigen Pollenkörner auf, bei welchen jedes Korn aus mehreren verwachsenen Körnern besteht. Je 4 Körner, die keine Löcher haben, fand der Verf. bei *Luzula campestris* mit einander verwachsen; dagegen fand er bei den ebenso verwachsenen Körnern der *Ericeen* und *Epacrideen* in jedem einzelnen Korne 3 Löcher. Dieses ist richtig, es hätte aber angegeben werden sollen, dass diese in Falten verborgen liegen; die Falten sieht man leicht, die Poren aber oft nur mit grosser Mühe, sie fehlen auch in den vom Verf. gegebenen Abbildungen, auf welchen blos die Falten zu sehen sind.

Den Beschluss machen die Pollenkörner der *Mimosen;* der Verf. bestimmt die zu einem Korne verwachsenen Körner auf 16, bei ändern fand er nur 10 — 12. Das letztere scheint mir aber immer nur durch Fehlschlagen einzelner Körner entstanden zu seyn, wenigstens fand ich bei den Arten, bei welchen der Pollen nicht aus 16 Körnern besteht, deren immer 8. Ueber das Vorhandenseyn von Poren bei dem Pollen der *Mimosen* ist der Verf. zweifelhaft; ich fand dieselben bei einigen Arten mit Bestimmtheit.

Der zweite Abschnitt der Schrift (pag. 21 — 29) enthält eine Aufzählung der nach der Form des Pollens gruppirten, vom Verf. untersuchten Pflanzen, deren Zahl zwischen 500 und 600 beträgt.

In dem dritten Abschnitte (pag. 30 — 40) sind
die allgemeinen, aus den angeführten Beobachtungen
gezogenen Resultate zusammengestellt.

Zuerst beschäftigt sich der Verf. mit der Frage,
ob der Pollen in einer Species von unwandelbarer
Form ist, und gibt an, sie könne nicht unbedingt
bejaht werden, indem die Zahl der Furchen oder
Löcher nicht selten innerhalb gewisser Gränzen wan-
delbar sey, weil ferner bei *Amaryllis*, *Crataegus*
indica und *Bulbocodium vernum* gewisse Verschiedenheiten in der Bildung der Pollenkörner vorkommen.

Ebenso könne nicht unbedingt angenommen
werden, dass die verschiedenen Species einer Gattung im Pollen übereinstimmen, denn bei *Primula*,
Passiflora, *Iusticia*, *Carex*, *Polygala* etc. zeigen
sich bei den verschiedenen Arten wesentliche Verschiedenheiten, dagegen finden sich deren keine,
bei *Erica, Fritillaria, Melaleuca, Grevillea* etc.
Es könne aber erst in der Folge bestimmt werden,
ob die beobachteten Verschiedenheiten in den Gattungen Ausnahmen seyen, und in welchem Verhältnisse diese Ausnahmen zu den regelmässigen Fällen
stehen.

Ebenso können erst ausgedehntere Versuche entscheiden, ob der Pollen in den natürlichen Familien
gewissen Gesetzen unterworfen sey; der Verf. könne
nur auf einige Verschiedenheiten bei den *Papave-*
raceen, Rubiaceen, Compositis, Boragineen,
Proteaceen, Labiaten etc. aufmerksam machen.

Auch -meine Untersuchungen zeigten auf das
deutlichste, dass frühere Beobachter, wie G u i l l e m i n,
B r o n g n i a r t, welche in jeder Gattung und, Familie
constant dieselbe Pollenform zu finden glaubten,
sehr Unrecht haben, so gar zweifelhaft, wie der
Verf. möchte ich die Sache hingegen doch nicht darstellen. Auch ich habe zwar bei verschiedenen Arten
derselben Gattung, und zuweilen auch bei den Pollen-
Körnern derselben Blüthe und Anthere sehr abweichende Formen getroffen; es sind dieses aber
doch nur einzelne Ausnahmen unter einer grössern
Anzahl von Beobachtungen, und sie können deshalb
die allgemeine Regel nicht umstossen, um so mehr,
da die Pollenformen verwandter Pflanzen, wenn sie
auch verschieden sind, doch meistens nahe untereinander verwandt sind. Wenn wir z. B. bei einigen
Ericeen eiförmige, mit drei Längenfurchen, in,
deren jeder eine Pore ist, versehene, bei anderen
Arten je zu 4 verwachsene Pollenkörner finden,
so scheinen sie zwar auf den ersten Blick sehr verschieden, und doch sind die zu 4 verwachsenen
nichts anders, als die auf einer frühern Entwick-
lungsstufe stehen gebliebenen Körner der erstern
Art. So finden wir bei den *Fumariaceen*, auch
Malpighiaceen, Körner mit drei Längenfurchen,
ferner Körner, deren Furchen nach Art der Kanten
eines Tetraëders, einer dreiseitigen Säule, eines Würfels, eines Würfels mit abgestumpften Kanten, eines
Pentagonaldodecaëders u. s. w. liegen, und doch
müssen alle diese Formen wieder als nahe verwandt

betrachtet werden. Nur in selteneren Fällen kommen bei nahe verwandten Pflanzen sehr verschiedene Formen, z. B. solche mit 3 Furchen, und solche mit auf der ganzen Fläche zerstreuten Poren vor. Allein es scheinen die verschiedenen Formen des Pollens nie regellos unter die Pflanzen ausgetheilt zu seyn, sondern es besitzen grössere oder kleinere Parthieen verwandter Pflanzen dieselbe Pollenform, nur entsprechen diese Gruppen nicht - immer den in der systematischen Botanik aufgestellten Abtheilungen, sondern begreifen bald eine Zahl von Arten einer Gattung, bald ganze Gattungen, bald eine mehr oder weniger grosse Anzahl von Gattungen einer Familie in sich. Die Ausdehnung und Zahl dieser Gruppen ist in den verschiedenen Familien verschieden, in einigen Familien stimmten alle von mir untersuchten Pflanzen in Hinsicht auf den Pollen überein, während ich in andern Familien 3 — 6 verschiedene Pollenformen fand; zuweilen entsprechen diese verschiedenen Formen den Unterabtheilungen der Familien, in anderen Fällen scheint dieses nicht der Fall zu seyn. Nimmt man alles dieses zusammen, so kann man mit allem Rechte den Satz aufstellen, dass verwandte Pflanzen dieselbe oder eine ähnliche Pollenform besitzen, wenn gleich der früher aufgestellte Satz, dass die Pflanzen einer Gattung oder Familie dieselbe Pollenform haben, in dieser Ausdehnung nicht wahr ist, und mannichfache Beschränkungen erleidet.

(Beschluss folgt.)

Literaturberichte

zur

allgemeinen botanischen
Zeitung.

Nro. 17.

Lejeune et Courtois.

28. *Compendium Florae belgicae* conjunctis stu-
diis ediderunt A. L. G. Lejeune M. D. plur. soc.
lit. sod. et R. Courtois M. D. hort. bot. acad.
Leod. direct. adjunct. Tomus II. Leodii apud P.
J. Collandin, acad. typograph. 1831. 8. 320 S.
mit 7 S. Vorrede.

Der erste Band dieser Flora, welcher die fünf
ersten Linneischen Klassen enthält, ist schon im
ersten Hefte Band 2. S. 50 der bot. Literaturblätter
erwähnt, Ref. kann daher füglich was das Allgemeine des Werkes betrifft dahin verweisen. In dem
gegenwärtigen Bande ist es den thätigen Verf. ge-
lungen bis zu Ende der Tetradynamie vorwärts zu
schreiten und sie machen in der Vorrede zugleich
Hoffnung, dass der dritte Band, welcher den Rest der
Phanerogamie enthalten soll, bald nachfolgen wird.
Diesem dritten Bande soll auch ein Anhang mit den
nöthigen Nachträgen beigegeben werden. Die Kryptogamie hoffen sie in 2 Jahren ebenfalls erscheinen
lassen zu können. Bedeutende Vorarbeiten dürfte
hierzu Madem. Libert, welche früher den Kryp-

togamischen Theil der Flore des environs de Spa zu
bearbeiten beabsichtigte und in diesem Felde der
Botanik rühmlich bekannt ist, geliefert haben?
Und gewiss wird dieser Theil der Flora das Inte-
resse der Freunde der Kryptogamie erregen, da jene
Gegend an seltenen Kryptogamisten sehr reich ist.

Bis zu Ende der 6ten Klasse diente Mert. u.
Kochs Flora den Verf. zum Führer, von der sie
auch nur selten abweichen, aber auch die folgenden
Klassen haben sie sich bemühet in demselben Geiste
zu bearbeiten, und sie erklären selbst in der Vorrede, dass sie sich bestrebt hätten, eine passende
Mitte zwischen der zu grosser Vermehrung und Zu-
sammenziehung der Arten zu halten, sie äussern
aber auch, dass sie keinen grossen Werth darauf
legen, streng zu unterscheiden, was Art und Varietät sei, indem es sich hauptsächlich darum handle,
sorgfältig zu beschreiben, damit das Beschriebene
leicht unterschieden werden könne. Zu ihrer Ehre
aber muss Ref. versichern, dass sie sich in der Anwendung dieser Freiheit sehr beschränkt haben und
dadurch beweisen, dass sie ihren Standpunkt richtig
aufgefasst haben. Die Herausgeber einer Orts- oder
Provinzialflor haben gewöhnlich einen so kleinen
Kreis, dass es ihnen an Gelegenheit zu eigener Beobachtung der beschriebenen Gewächse nur selten
fehlen dürfte, sie müssen also diese auch dazu besitzen, sich möglichste Aufklärung über die Bürger
ihrer Flora zu verschaffen, denn nicht die Systeme
können uns Zweifel über einzelne Streitpflanzen

heben, sondern die Floren. Wenn die Masse dessen,
was in jenen, zusammengetragen werden muss, eine
gleichmässige Kritik unmöglich macht, so ist es dagegen Pflicht des Flórenschreibers, Zweifel, soviel
in seinen Kräften steht, zu lösen und Licht über
dunkle' Pflanzen zu verbreiten. . In, diesem Bezuge
hätte Ref. allerdings gewünscht, dass manches Zweifelhafte oder Neue weiter und mit mehr Schärfe der
Unterscheidung erörtet worden wäre, wozu die blose
Diagnose und wenn sie auch wie hier oft sehr ausführlich ist, doch nicht stets hin . reicht. Dessen,
ungeachtet wird man aber mit dem Ref. anerkennen,
dass die Verf. ihre Aufgabe gut gelösst und namentlich auch die schwierigern Gattungen mit vieler Umsicht bearbeitet haben. . Darin sind sie Candólle,
R. Brown, Link u. s. w. gefolgt, dass sie eine
grosse Zahl der von diesen aufgestellten neuen Gattungen annehmen.

Ref. läst hier nur die seltenen Pflanzen dieses
Bandes folgen, indem er hier und da einige Bemerkungen einstreuet. *Hexandria: Leucojum vernum, Narcissus poëticus.* Zu *Polygonatum mul-
tiflorum β ovatum* wird *Convallaria latifolia
Lej. Spa nec Jacq. gezogen. Fritillaria Meleagris,
Allium flexum Kit.* bei Verviers, *Al. compactum
Lej. Spa* ist hier *A. vineale β.; Ornithogalum
belgicum Lej. Rev.* wird folgendermassen diagnosirt: foliis radicalibus ternis, (uno ex bulbillo)
erectis filiformibus fistulosis, umbella pedunculata
in folio unico vaginato-dilatato, 1 — 3 flora, sepalis obtusis, bulbo compacto e latere et basi mul-

17*

tibulbillifero. Zu · *O. stenopetalum*, wohin es
Reichenbach frageweise zieht, kann es nach der
Beschreibung der Zwiebel, obschon dieselbe ungenügend
ist, nicht gehören, da sie bei *O. stenopetalum*
sagen: *bulbis ternis, junioribus duobus inclusis.*
In einer Note nennen es die Verf. valde affine *spa-*
thaceo, a quo foliis radicalibus filiformibus differt,
und wenn sie mit dem bulbo e latere et basi mul-
tibulbillifero bezeichnen wollen, wo die Brutzwiebeln
hervorbrechen, so nähert es sich in diesem Bezuge
allerdings dem *O. spathaceum*. Auch hat dieses
letztere, wie Ref. sich bei der sorgfältigen Untersuchung vieler lebender Exemplare überzeugte, stielrunde röhrige Blätter. Die ganz einfache Zwiebel,
(irrthümlich geben Mert. u. Koch 2 Zwiebeln an,
da sie die Pflanze nur nach getrockneten Ex. beschreiben, aber nicht Gelegenheit hatten sie lebend
zu untersuchen), treibt zwar stets nur 2 Wurzel-
blätter, bei oberflächlicher Betrachtung ohne sorgfältige Zergliederung kann man aber wohl zuweilen
in Versuchung gerathen, sie für dreiblättrich zu
halten, da eines der Brutzwiebelchen nicht selten
schon wieder ein Blatt treibt, während diese noch
in der äussern abgestorbenen strohgelben Haut eingeschlossen sind. *) Diese Brutzwiebeln liegen unterhalb des untern Blattes und das vorjährige Brut-
häuschen ist zuweilen schon zur Seite geschoben
durch das neue, welches in diesem Falle dann, wiewohl seltener, ebenfalls ein Blatt treibt. Nach dieser

---

*) Ebenso wie andere verleitet wurden das O. bo-
hemicum für mehr als zweiblättrich zu halten.

Auseinandersetzung liesse sich die Diagnose des *O. belgicum* ohne Zwang auf das *O. spathaceum* anwenden, welches die Verf. wahrscheinlich auch nur in getrockneten Ex. sahen. Hätten sie aber den Bau der Zwiebel ihres *O. belgicum* sorgfältiger erforscht und angegeben, so würde es sich bald gezeigt haben, welcher Art es am nächsten stehe, ob der erwähnten, dem *O. bohemicum, fistulosum* oder *minimum* mit denen sie es ebenfalls vergleichen. Diese 4 genannten Arten kommen nicht innerhalb der Gränze der belgischen Flor vor; wohl aber *O. sulphureum Bertol.* (O. pyrenaicum fl. Spa.). *Scilla nutans Sm., Sc. patula DC.)* fraglich ob Scilla campanulata R. et S. (*Narthecium ossifragum, Juncus maritimus, J. Gerandi Lej.* Spa. nec *Lois* kömmt als β *elatior* zu *J. bulbosus* (J. compressus Jacq), *J. tenuis W. Luzula multiflora Lej.* ist noch als eigenthümliche Art aufgeführt, sie ist aber doch nur die Schattenform von *Luz. campestris*, zu welcher sie sich wie *Carex umbrosa Host* zu *C. praecox verhält.* Mit noch weniger Recht wird *Colchicum vernum* als selbstständige Art aufgestellt. *Colchicum montanum, Veratrum album.* Zu *Rumex crispus* β *unicallosus*, sepalo unico abortu granifero wird fraglich *R. domesticus Hartm.* zitirt. *Rumex acutus*, sepalis interioribus ovali-triangularibus, basi subulato-dentatis, in ligulam oblongam acutam productis, unico granifero, foliis inferiorib. cordato-oblongis acuminatis, dürfte doch nur eine schlankere Form des sehr veränderlichen *R. obtusifolius* seyn. *Alisma Damasonium, A. natans, A. ranunculoides.*

Die Heptandria enthält: *Trientalis* und *Aesculus.*
Octandria: *Epilobium molle Lam.* (E. parviflorum
Schreb.) und E. *pubescens Roth* sind hier getrennt,
der ganze Unterschied in der Diagnose beruhet aber
auf einigen sub- und in der Natur wohl auf einem
etwas abweichenden Standorte. Die vorliegenden
Exemplare des E. *pubescens* des Verf. unterscheiden sich durch ziemlich eyrunde Blätter; von der
gewöhnlichen Form, sind übrigens ziemlich zottig,
während Mert. und Koch ein weniger zottiges
Exemplar von dem Verf. empfingen. *Epilobium
obscurum Schreb.?* Was Ref. dem Hrn. Dr. Lejeune früher unter diesem Namen von Aachen mit-
theilte, erkennt er jetzt bei erneuerter Untersuchung
als E. *rivulare Wahlbg.*, dagegen ist das was Ref.
von dem Verf. als E. *obscurum* empfing, E. *virgatum Fries M. u. K. Daphne Laureola, Erica Tetralix, E. cinerea Polygonum viviparum.* Dem
Polygonum nodosum wird eine kriechende Wurzel zugeschrieben, doch mit Unrecht, denn sie ist
nicht mehr kriechend als von P. *lapathifolium*
dessen Form es ist. P. *Bellardi* flor. Spa., von
Lejeune selbst mehrfach eingesendet, ist durchaus
nicht von der aufgerichteten Form des P. *avicu-
lare* verschieden; die ächte Allion'sche Pflanze ist
es daher nicht. P. *laxiflorum Weihe* wird zu P.
minus als var β gezogen.

Decandria. Von *Saxifraga sponhemica Gmel.*
(S. palmata Lej. Spa.) wird S. *condensata Gmel.*
(S. aggregata Lej. Rev.) mit Unrecht wieder getrennt;
S. *decipiens Ehrh.* kommt am Harze in denselben

gedrängten und schlaffen Formen vor, wie auch andere Arten in den Alpen. *S. hypnoides. L.* (hier leptophylla Pers.) ist einer der interessantern Bürger dieser Flor. *Gypsophila Saxifraga.* Der hier von *Dianthus Carthusianorum* unterschiedene *D. vaginatus* (Vill) *Rchb.*, wozu *D. Carthusianorum Lej. Spa.* zitirt wird, dürfte sowohl wie die von Reichenbach abgebildete Pflanze als Art gar nicht von *D. Carthusianorum* zu trennen seyn. Ref. konnte bei länger fortgesetzter Beobachtung beider die Unterschiede nicht bestätigen. *Silene anglica, quinquevulnera* und *gallica*, welche Mert. und Koch sehr naturgemäss vereinigt haben, sind nach *Candolle's* prodromus noch als eigne Arten karakterisirt. *Stellaria latifolia* (Pers.) *Lej.* ist nach vorliegenden Ex. des Verf. eine allerdings etwas auffallende Form der *St. media* am Rande kleiner Waldbäche und in feuchten schattigen Stellen wachsend. *Stellaria crassifolia Ehrh., Stellaria aquatica Poll.* steht hier als *Labraea aquatica St. Hil.* und *Arenaria peploides* als *Adenarium peploides Raf.*; ein Paar Gattungen, die, wie so viele andere, nicht der Nothwendigkeit, sondern dem Haschen nach neuen Entdeckungen ihr Entstehen verdanken. *Arenaria salina Ser.* (A. media α M. et. K.) ist als eigene Art aufgeführt; eben so *Spergula sativa Boen., Sp. vulgaris Boen.* und *Sp. maxima Boen.*, welche Mert. und Koch mit Recht vereinigen. *Cerastium tomentosum. Agrostemma Githago* steht als *Lychnis Githago. Sedum maximum Hoffm.* ist von *S. Telephium* getrennt. *S. schistosum Lej. Spa.*

(S. boloniense Lois. Lej. Rev.) kommt als Synonym zu *sexangulare.* *Sedum elegans Lej.* Spa. ausgezeichnet durch seine grossen stumpfen Kelchblätter steht hier als das wahre *S. rupestre L.;* eine interessante seltene Pflanze!

Dodecandria. *Agrimonia odorata Ait.* *Sempervivum montanum* bedarf nun wohl in Bezug auf das von Koch aufgestellte S. Funckii einer erneuerten Untersuchung.

Icosandria. Bei Prunus findet sich *P. fruticans Weihe* und *floribunda Weihe; P. Chamaecerasus Wallr et Boen. non Jacq.* ist hier als neue Art *P. collina Lej. et Court.* aufgestellt mit der Diagnose, fruticosa, ramulis annotinis floriferis, foliis obovatis, obtusis, crenatis, basi eglandulosis und die Frage gestellt an typus *Cerasi vulgaris* aut reditus ad stirpem sylvestrem, welche in Bezug auf letzteres allerdings mit Ja beantwortet werden kann. Sie findet sich am gewöhnlichsten in verwilderten und eingegangenen Berggärten und Weingärten. — Die Gattung *Rosa* ist recht sorgfältig auseinandergesetzt und alle frühern von *Lejeune* in der Flor und Revüe aufgestellte Arten sind als Abarten vorzüglich bei *R. rubiginosa* und *canina* untergebracht, nur *R. collina Lej.* Spa, die von Mert. und Koch zu *R. canina β dumetorum* gesetzt wird, ist als eigene Art beibehalten worden. *Geum rubifolium Lej.* unterscheidet sich von *G. intermedium Ehrh.,* welche beide bei Malmedy vorkommen, vorzüglich durch aufrechte schmuziggelbe röthlicht gestreifte Blumen, zurückgeschlagenen Fruchtkelch,

den Anhang, welcher kürzer als der Griffel ist und
geringere Höhe, da das *G. intermedium* überhän-
gende gelbe Blumen, abstehende Fruchtkelche und
Anhänge, welche eben so lang sind als der Griffel
ist, hat. Sollte das Auftreten des *G. intermedium*
in drei verschiedenen Formen, als *G. intermedium
Ehrh.*, *G. rubifolium Lej.* und als *G. intermedium Wimm u. Grab.* (s. Mert. u. Kochs Flora)
und das Schwanken desselben bald mehr zum *G.
urbanum*, bald mehr zum *rivale* nicht auffallend
dafür sprechen, dass dieses wirklich eine Bastard-
pflanze sey. Es dürfte gewiss der Mühe werth seyn,
dass Männer wie Wiegmann und Gärtner,
welche mit ausgezeichneter Sorgfalt und vielem
Gücke schon eine grosse Anzahl von Bastardpflanzen
erzogen haben, auch diese ihren Versuchen unter-
würfen. Die Resultate könnten leicht interessante
Aufschlüsse über die in Rede stehenden Pflanzen
geben, wenn einerseits *Geum rivale* mit Blumenstaub von *G. urbanum* und andererseits dieses mit
Blumenstaub von *Geum rivale* befruchtet würde.
Potentilla hirta Lej. Rev. ist hier *P. obscura
Willd.* Von *Rubus* sind 31 Arten nach Weihe
und Nees aufgestellt, unter denen als neu sich noch
P. Weihei Lej. und *R. axillaris Lej.* befindet.
Die dortige Gegend ist ausserordentlich reich an ver-
schiedenen Formen dieser Gattung.

Polyandria. *Rapaver laevigatum MB.* um
Veviers mit *P. dubium*, dem er auch sehr nahe
steht und von dem er sich vorzüglich durch eine
grauliche Farbe auszeichnet; er dürfte, wie die Verf.

auch vermuthen, nur Form des *P. dubium* seyn.
Die Exemplare des Verf. sind üppiger und breitblätt-
riger als in der Reichenbach'schen Abbildung;
wahrscheinlich wird sich diese Pfianze auch an andern Orten finden, wenn sie nur beachtet wird.
In *Helianthemum obscurum Pers.* vermuthen die
Verf. mit Recht, nur eine Varietät des *H. vulgare*
und ebenso in *H. lineare* eine Varietät des *H. pul-
verulentum. H. umbellatum DC.* bei Schenvelt
an der preussischen Gränze kann auch als ein in-
teressanter Beitrag für die deutsche Flora betrachtet
werden. *H. guttatum Mill., Aconitum Napellus,
A. pyramidale Rchb.* (A. eiffliense Lej. Rev.) und
A. Störkianum Rchb. (A. intermedium Lej. Rev.),
Helleborus niger, viridis, foetidus und *hiemalis,*
(letzteres als Eranthis); *'Ranunculus tripartitus
DC., R. aconitifolius, R. gramineus, R. muri-
catus, Thalictrum elatum Murr.; Th. hetero-
phyllum Lej. Rev.* ist hier als *Th. nigricans Jacq.*
aufgeführt; was Ref. von dem Verf. unter jenem
Namen empfieng, freilich in einem nicht sehr vollständigen Exemplare, schien ihm jedoch dem *Th.
flavum* näher zu stehen, als dem *Th. nigricans.
Th. rufinerve Lej. et. Court.* radice fibrosa, caule
nigricante sulcato, foliisque nigro-virentibus supra
lucidis, subtus pallidis, nervis prominulis demum
rufis, segmentis oblongo-cuneatis integris trilobisque
obtusiusculis, panicula corymbosa coarctata, carpellis minimis utrinque acutiusculis und *Th. sphaero-
carpum Lej. et Court.* radice repente; foliorum
omnium segmentis obtusis, cordatis, trilobis, pallide

virentibus, panicula corymbosa, carpellis ovato-glo-
bosis vix costatis bedürfen einer weitern Beobachtung
und Vergleichung, denn es ist sehr wahrscheinlich,
dass die *Thalictren* aus der Gruppe des *flavum*
einen eben so grossen Einflusse des Standortes unterworfen sind, als die des *Th. minus.* *Anemone
apennina L.*, *Clematis erecta.*

Didynamia. *Satureja montana.* Die *Menthen*
sind mit vielem Fleisse, bearbeitet und viele von
Lejeune und andern aufgestellte Arten als Formen
untergebracht, dessen ungeachtet werden aber auch
von den 23 hier karakterisirten Arten noch mehrere
dasselbe Schicksal haben. Von den Verf. aufgestellte Arten sind *Mentha velutina Lej. Rev.*, *M.
nepetoides Lej. Rev.*, *M. rubrohirta, Lej. u.
Court.*, *M. scrophulariaefolia L. u. C.*, *M. mo-
sana L. u. C.* und *M. Ehrhartiana L. u. C.* (*M.
gentilis Ehrh.*) Mit Recht wird *Glechoma heterophylla Opiz.* als blosse Form zu *G. hederacea gezogen.* *Stachys alpina*, *St. decumbens Willd.*,
welche Reichenbach in der flora excursoria, nach
Lejeune aus dem Luxemburgischen aufzählt, ist
hier nicht erwähnt. Bei *Thymus Serpyllum* sind
sämmtliche davon getrennte Arten wieder als Formen
untergebracht und das wenigstens in Bezug auf die
hier erwähnten wohl nicht mit Unrecht. *Melissa
umbrosa MB.* von Reichenbach als Art aufgeführt, steht hier als *Thymus Calamintha β; Th.
grandiflorus W.*, *Melissa officinalis*, *Linaria
repens Desf.*, *L. simplex Desf. Scrophularia
vernalis.* *Digitalis purpurascens Lej. Spa.* ist

hier *D. purpurea* var *E. parviflora*, dagegen
wird *D. longiflora Lej. Rev.* als *D. purpurascens
Roth* aufgeführt. *D. ochroleuca Jacq.* ist mit Recht
als Varietät zu *D. grandiflora Lam.* gestellt. *La-
thraea clandestina.* Von Orobanche stehen hier
nur die gut unterschiedenen *O. ramosa, arenaria
Borkh., elatior Sutt., minor Sutt.* und *caryophyllacea Sm.*, doch vermuthen die Verf., dass
sich bei einer sorgfältigern Beachtung wohl noch
mehr auffinden lassen werden.

Die Tetradynamia enthält besonders viel seltene
und bemerkenswerthe Pflanzen. *Nasturtium an-
ceps DC.* würden die Verf. gewiss nicht von *N.
sylvestre* getrennt haben, wenn sie selbst Gelegen-
heit hätten es zu beobachten. *Barbarea praecox,
Arabis brassicaeformis Wallr. Arabis sagittata
DC.* hätte als Varietät zu *A. hirsuta* gestellt werden
sollen. *A. auriculata Lam,* gewiss mit Unrecht
wird zu der Form mit glatten Schotten von *A. incana
Roth* zitirt; *A Turrita, Hesperis matronalis,
Sisymbrium stritissimum, S. acutangulum DC.,
S. multisiliquosum Hoffm., S. columnae Jacq.;
S. Irio, S. supinum, Erysimum hieracifolium
L. Rchb., E. virgatum Roth, E. Cheiranthus
Pers, E. suffruticosum Spr., E. repandum,
Brassica obtusangula Rchb.* (Sisymbrium W.),
B. Cheiranthus Vill. Sinapis orientalis L. kommt
mit Recht zu *S. arvensis. Diplotaxis tenuifolia
DC., D. muralis DC., Alyssum murale Wk.,
A. campestre* im Lüttich'schen; einer der wenigen
sichern Standorte dieser südlichen Pflanze. *Draba*

muralis, *Erophila praecox DC.* ist hier mit Recht
als Form von *E. verna* aufgenommen. *Cochlearia
anglica*, *C. danica*, *Subularia aquatica.* Ausser
Thlaspi montanum und *Th. alpestre* findet sich
hier noch ein neues *Th. calaminare L. et. C.* aus
der Gegend von Aachen und Stollberg: *glaucum*,
foliis radicalibus rosulatis ovatis, petiolatis, caulinis-
que amplexicaulibus integris, petalis calyce longioribus, semina obovato-oblonga, Siliculis obovatis vix
emarginatis, stylo filiformi superatis. Die Pflanze
steht dem *Th. alpestre* sehr nahe und scheint sich
von diesem vorzüglich durch die untern gegen die
Basis verschmälerten sitzenden und obere stengelum-
fassenden Stengelblätter zu unterscheiden, da sie bei
Th. alpestre pfeilförmig sind. In der Länge der
Blumenblätter und in der Form und Ausrandung
der Schötchen kann Ref. keinen hinlänglichen Unterschied finden. Doch besitzt Ref. von diesen Arten
keine Exemplare mit ganz ausgebildeten Früchten
und empfiehlt sie der weitern Beobachtung. *Hutchinsia procumbens Desr.*, *H. petraea R. Br.;
Senebiera pinnatifida DC.*, *Lepidium Draba*,
L. hirtum Sm. (Thlaspi hirtum L.), *Myagrum
perfoliatum*, *Bunias orientalis*, *Calepina Corvini
DC.*, *Cakile maritima; Raphanus maritimus Sm.*,
Crambe maritima.

Mögen die Verf. in den Stand gesetzt werden,
recht bald ihr Versprechen zu erfüllen, und den dritten
Band, wie auch die Kryptogamie schnell nachfolgen
lassen zu können; für die Freunde der Botanik in
Belgien wird dieses Werk von grossen Nutzen sein,

welches durch die Sammlung getrockneter belgischer
Pflanzen, welche die Verf. herausgaben und deren
Zahl schon an 1000 herangewachsen ist, noch bedeutend erhöhet wird. Die alte Vorliebe für Botanik
zeigt sich noch eben so lebhaft in Belgien als ehemals,
indem nicht nur eine nicht unbedeutende Zahl von
Orts- und Provinzialfloren, sondern auch Sammlungen getrockneter vaterländischer Gewächse Abgang finden.   H o r n u n g.

_____

Beschluss der Recension Nro. 27. von
   Fritzsche's *Beiträge zur Kenntniss des
   Pollen.*

Den Unterschied zwischen dem Pollen der Mono-
und Dicotyledonen setzt der Verf. (pag. 31) darin,
dass der letzere regelmässige Löcher hätte, welche
dem ersteren fehlen, wobei er jedoch einige Ausnahmen zugibt. Dagegen möchte aber vieles einzu-
wenden seyn. Es gibt nämlich Pollenkörner von
Monocotyledonen mit 1, 2, 3 und mit sehr vielen
Poren, und eine ungemein grosse Anzahl von Dicotyledonen, deren Pollen keine Pore besitzt. Dagegen gibt es andere, wenn auch nicht streng durch-
zuführende, dennoch deutlich ausgesprochene Unterschiede zwischen dem Pollen der Mono- und Dicotyledonen, von denen wir uns wundern müssen, dass
sie dem Verf. nicht auffielen. Es ist nämlich der
mit 1 und der mit 2 Furchen versehene Pollen beinahe den Monocotyledonen eigen, und ebenso verhält es sich mit dem mit 1 Pore versehenen Pollen,
dagegen kommt der mit 3 oder einer grössern An-

zahl von Falten versehene Pollen, so wie der mit
3 und mehr Poren versehene hauptsächlich den Dicotyledonen zu, es ist also deutlich, dass die einfa-
cheren Formen sich mehr bei den Monocotyledonen,
die zusammgesetzteren mehr bei den Dicotyledonen
finden.

Der Verf. machte die wichtige Beobachtung
(p. 32 — 34), dass ein Theil der Fovillakörner
keine festen Körperchen, sondern Oeltröpfchen seyen,
ein Umstand, welchen auch *Rob. Brown* bei den
Asclepiadeen bemerkte. Ob sich der Verf. nicht
zu einer zu raschen Folgerung hinreissen liess,
wenn er sagt: „dass die Oeltröpfchen überall vorkommen, und zur Befruchtung nöthig sind, während
die granula nur selten vorzukommen scheinen, und
vielleicht zur Bildung der bei der Befruchtung sich
erzeugenden natürlichen Schläuche mit beizutragen
bestimmt sind" darüber mögen künftige Forschungen
entscheiden.

Der Verf. geht nun (p. 34 — 38) zur Frage,
ob eine 3te Haut vorhanden sey, und wie sich die
Schläuche bilden, über; wir haben seine Ansichten
über diese Punkte schon oben kennen gelernt.

Die Entstehung der Furchen erklärt der Verf.
(pag. 38) durch ein anfangendes Eintrocknen der
in der Anthere kugelförmigen Körner, und schliesst
hieraus, dass der Theil der äussern Haut, welcher
in den Furchen sich einwärts falte, dünner, als der
übrige Theil sey, eine Ansicht, die durch meine
Untersuchungen über den Bau der Pollenhäute vollkommen bestätigt und in so ferne erweitert wird,

als ich den eingefalteten Theil beinahe immer von einer völlig verschiedenen Textur fand, wovon meine Schrift über den Pollen eine ausführliche Darstellung geben wird. Wenn der Verf. aber angibt, dass die Eintrocknung nur bis auf einen gewissen Grad gehe, und das Pollenkorn dann seine Form durch Trocknen nicht mehr verändere, so erleidet das sehr viele und grosse Ausnahmen, wovon sich jeder durch Untersuchung lange im Herbarium gelegener Pflanzen überzeugen kann.

Der Verf. spricht sich (pag. 40) gegen die von *Guillemin* eingeführte Eintheilung in klebrige und nicht klebrige Pollenkörner mit Recht aus, indem dieselbe völlig unrichtig und unbrauchbar ist.

Den Schluss machen einige Bemerkungen über die Crystalle, welche in den Antheren vorkommen, deren es zweierlei Arten 1) Raphiden, 2) Octaëder sind. Von den letztern ist angegeben, dass sie zwischen den Pollenkörnern von *Caladium bicolor* liegen; ich habe dergleichen bei *Cal. seguinum* gefunden. Von den Raphiden ist nicht angegeben, ob sie im Parenchyme der Anthere, oder in ihrer Höhlung lagen; das letztere wohl schwerlich, wenigstens fand ich es nie, wohl aber sind dieselben im Connective sehr häufig zu treffen.

Die zwei illuminirten Tafeln sind in Kreidemanier gut gearbeitet, sie stellen den Pollen von 19 Arten, theils im trockenen Zustande, theils mit den durch den Einfluss der Säure hervorgebrachten Veränderungen dar. Druck und Papier sind schön.

Bentham.

29) *Labiatarum - Genera et Species; or a Description of the Genera and Species of Plants of the Order Labiatae, with their general. history, characters, affinities and geographical distribution.* By George Bentham. *Esq. I. L. S. 8. London.* By James Ridgway and Sons. Piccadilly.

Die Botaniker wussten schon länger und erfuhren diess namentlich auch aus einigen Artikeln des schönen Botanikal-Register und aus Wallich's unübertrefflichen Plantis asiaticis rarioribus, dass sich Hr. Bentham, der gegenwärtige Secretär der Horticultural Society in London, der durch seine früheren botanischen Reisen, seinen kritischen Catalog der pyrenäischen Pflanzen und mehrere andere Aufsätze rühmlich bekannt ist, mit einer Monographie der Labiaten beschäftige. Wir waren mit so vielen andern auf dieses Werk sehr begierig, und zwar um so mehr, als eine Revision der Gattungs-Charactere der Labiaten, welche auf so schwankender Basis beruhten, täglich mehr und mehr zum

Bedürfnisse wurde. Im August d. J. erschien nun die erste, *Ocymoideae* umfassende Lieferung des obigen Werkes, über die wir uns hier unsere Ansicht auszusprechen erlauben.

Je schwieriger eine Aufgabe, um so nachsichtsloser beurtheilt man gewöhnlich diejenigen, die sich an eine Lösung derselben machen. So unbillig diess auch scheinen mag, so hat es doch das Gute, dass es hier und da Unberufene abhält, die wissenschaftliche Welt mit literarischem, gewöhnlich mehr schadendem, als nützendem Plunder zu belästigen. Wenn wir nun auch von diesem Principe der Strenge ausgehen wollen, so können wir doch nicht umhin, Hrn. Bentham zu der Art und Weise, auf welche er seine Aufgabe behandelte und löste, Glück zu wünschen. Hr. B. macht uns nämlich in diesem Werke nicht nur mit einer ungeheueren Menge neuer, noch unbekannt gebliebener Schätze bekannt, sondern er zeigt, was noch weit rühmlicher ist, seine innige Vertrautheit mit dem Alten; er beurkundet in demselben einen Beobachtungsgeist, der den vollendeten Diagnostiker gibt, und einen Scharfsinn, welcher aus der gemachten Beobachtung die glücklichste Anwendung zu ziehen weiss. — Je mehr des bereits Bekannten man gesehen hat, um so lieber bearbeitet und um so richtiger unterscheidet man das Verwandte. Dass diess bei Hrn. B. der Fall ist, wird Jedermann auch bei einem oberflächlichen Blicke in dessen Werk ersehen. Hr. B. besitzt nicht nur selbst eine sehr reiche Sammlung,

sondern studirte auch die unermesslichen Schätze
der Linnaean Society, der Horticultural Society,
der ostindischen Compagnie, des Museums zu Paris,
zu Berlin und Koppenhagen; er benützte die Sammlungen eines Banks, Lambert, Hooker,
Wallich, Lindley, Delessert, Kunth etc.
Diess allein mag genügen, um die aus zahllosen Beobachtungen geschöpfte Gediegenheit und Vollständigkeit des Werkes ausser Zweifel zu setzen. — Nun
Einiges über die Einrichtung desselben.

Die erste Lieferung beginnt, da die geographische
Vertheilung der Labiaten und einige andere allgemeine Gegenstände erst am Ende des Werkes folgen
sollen, mit der Sippe der Ocymoideae, welche
Hr. B. auf folgende Weise charakterisirt: „Stamina
declinata, Corolla subbilabiata, lobis 4 superioribus
planis subaequalibus, infimo declinato plerumque
difformi, plano vel saepius concavo, cymbiformi
vel saccato." Von dieser Sippe werden nun im
vorliegendem Hefte 9 Gattungen mit ihren Arten
abgehandelt. Jeder Gattung ist ein ausführlicher
Character in lateinischer Sprache beigefügt, auf welchen Hr. B. dann gewöhnlich einige Notizen über
die Verwandtschaft und Geschichte der Gattung in
englischer Sprache folgen lässt. Was nun die Gattungen der *Ocymoideae* betrifft, so scheinen uns
dieselben sämmtlich sehr natürlich, obschon diese
Natürlichkeit in vielen Fällen schwer mit Worten
zu geben seyn möchte. Die vorzüglichsten Gattungs-
Charaktere sind von dem Kelche und dessen Ver-

hältnissen während und nach der Blüthe, von der
Blumenkrone, den Staubfäden, dem Griffel und hier
und da auch von dem ganzen Habitus und der Inflorescenz genommen. — Der Aufführung der einzelnen
Arten geht jedesmal ein Conspectus specierum voraus,
der in nuce die hervorstechendsten Charactere jeder
Art in analytischer Methode gibt, und daher
das Auffinden derselben ausserordentlich erleichtert.
Die Definitionen der Arten sind latein und sehr umfassend; vielen dürften sie zu lang erscheinen, allein mit kurzen Diagnosen reicht man heute zu
Tage bei grösseren und verworrenen Gattungen
selten mehr aus. Eine lange Definition, welche
nichts Unnöthiges enthält, wird immer besser seyn,
als eine kurze, oft wahrhaft räthselhaft klingende.
Wiederholung dessen, was bereits in den Kategorien enthalten ist, scheint uns aber, wenn diese
Kategorien streng genommen sind, füglich entbehr-
lich, und in dieser Hinsicht dürften daher auch
Hrn. Bs. Definitionen hier und da einer kleinen Ab-
kürzung fähig seyn. — Auf die Definition lässt Hr.
B. die Literatur folgen, in der die vorzüglichsten
Autoren, welche die Pflanze beschrieben oder sie
abgebildet haben, so wie die eigentliche Synonymie
vollständig angegeben sind. Dann folgt das Vater-
land, mit jedesmaliger Angabe des Finders, auf eine
Weise angegeben, welche beurkundet, wie viele
Sammlungen Hrn. B. zu Geboth standen. Den Beschluss macht eine mehr oder weniger ausführliche
Beschreibung, in der gewöhnlich die Charaktere,

durch welche sich eine Art von einer oder mehreren anderen verwandten unterscheidet, glücklich hervorgehoben sind. — Was nun den Geist und das Princip betrifft, welches den Verf. bei der Aufstellung seiner Arten leitete, so kann man auch dieses musterhaft nennen, indem Hr. B. weder etwas abweichende Formen gleich zur Art erhoben, noch wirkliche Arten chaotisch in sogenannte Urarten zusammengeworfen hat, und indem er die Diagnosen in der Regel nur aus wesentlichen und durch die Beobachtung vieler Exemplare begründeten Characteren zog.

Die erste Gattung der *Ocymoideae*, das alte *Ocymum*, unter welches früher so Vielerley gebracht wurde, enthält in seiner gegenwärtigen reformirten Gestalt 44 Arten, von denen nur wenige in Africa und Süd-America, die Mehrzahl hingegen in Ostindien vorkommen. Von diesen 44 Arten sind dem Hrn. Verf. noch 11 meistens aus T h u n b e r g s *Flor. Jap.*, L o u r e i r o und F o r s k ö l herrührende zweifelhaft; die übrigen 33 sind, je nachdem die beiden obern Staubfäden an der Basis einen zahnförmigen Ansatz, oder einen Haarbüschel haben, oder ganz nackt sind, in drei sehr natürliche Gruppen gebracht. — Die zweite Gattung ist das *Geniosporum Wall.*, welches Hr. B e n t h a m so wie einige der folgenden Gattungen bereits im Bot. Register definirte, und welches zwischen *Ocymum* und *Moschosma* in der Mitte steht. Zu dieser Gattung gehört auch das alte L i n n é i'sche *O. pros-*

tratum. Die Gattung zerfällt in zwei Gruppen:
an den Arten ersterer Gruppe, welche ganz ostin-
dischen Ursprungs sind, sind die beiden unteren
Kelchzähne frei; in lezterer hingegen sind die Kelch-
zähne in zwei Lippen verwachsen, zu dieser, gehört
das afrikanische, von P a l l i s o t aufgestellte
Platostoma. — Die dritte Gattung ist die Blum e'sche
Mesona, welche Hr. B. nicht sah. — Die vierte
ist der *Acrocephalus* Benth. aus 3 ostindischen
Arten bestehend, und nach *Ocym. capitellatum*
L. gebildet; die fünfte hingegen ist das dem tropischen
Asien und Afrika zukommende, bisher 3 Arten zäh-
lende *Moschosma Reichenb.,* (die *Lumnitzera
Jacq.,* nach dem lieblichen *Ocym. polystachyum*
L. gebildet.) Hr. B. bedauert den zweiten Band
von J a c q u i n's Eclogae, in welchem die *Lumnitzera*
aufgestellt ist, nicht gesehen zu haben; er hat wie
es scheint den Gattungsnamen *Moschosma* vorgezogen, um Verwirrungen zu vermeiden, die dadurch
entstehen könnten, dass S p r e n g e l in seinem Systema die Gattung *Lumnitzera* unglücklich erwei-
terte, und nicht weniger als Glieder von 8 verschiedenen Gattungen, worunter selbst eine *Salvia,* in
dieselbe brachte! Die sechste Gattung ist der B e n-
th a m'sche *Ortosiphon,* 9 Arten umfassend, von
denen sonderbar nur eine einzige in Süd - Amerika
wächst, während alle übrigen ostindischen Ursprun-
ges sind. R o t h hatte einige Arten dieser schönen
in W a l l i c h s Prachtwerk abgebildeten Gattung
unter *Ocymum,* D o n hingegen brachte einige der-

selben unter *Plectranthus*. Auf den *Ortosiphon*
folgt 7tens der *Plectranthus* mit 44 Arten, von
denen bisher keine einzige in Amerika, nur Eine
auf den Sandwich- und Südsee-Inseln, und alle
übrigen in den tropischen Theilen Asiens, Africa's
und Australien's gefunden wurden. Die 39 genau
bekannten Arten, von denen Hr. B. nicht weniger
als 37 selbst untersucht hat, sind nach der verschiedenen Stellung des fruchttragenden Kelches,
nach den Verhältnissen der Kelchzähne, und je
nachdem die Blumenkrone gespornt oder nicht gespornt ist, in 7 Gruppen getheilt. Uebrigens umfasst Hr. B. unter der Gattung *Plectranthus* ausser
der *Germanca Lam.*, auch die *Dentidia Lour.*
und den *Isodon Schrad.* — Die achte Gattung
ist der *Coleus Lour.*, wozu einige *Ocyma* von
Linné und anderen Auctoren, mehrere *Plectranthus* verschiedener Schriftsteller und der *Soleno-
stemon Schum.* gehören. Die 29 Arten dieser
Gattung sind nach der Inflorescenz und nach der
Stellung des fruchttragenden Kelches in drei Gruppen
getheilt; alle diese Arten wachsen im tropischen
Asien oder im indischen Archipelagus, nur eine
einzige kommt in Afrika vor. Die neunte Gattung
endlich ist Wallich's *Anisochilus* mit 4 ostindischen Arten, welche nach Linné's *Lavandula car-
nosa* gebildet ist, und welche auch noch Roxburgh,
Smith u. a. unter *Plectranthus* aufführten.

Bei einem solchen, in jeder Hinsicht ausgezeichneten Inhalt wird gewiss jeder Botaniker mit uns

gleichen Wunsch für die schnelle Fortsetzung dieses
Werkes hegen. Hr. B. versprach uns wirklich eine
solche, und bald hoffen wir unseren Lesern die
Bearbeitung der schwierigen und zahlreichen Gattung *Hyptis* anzeigen zu können, zu welcher Hr.
B. auf seiner letzten Reise auch die brasilischen
Schätze München's und Wien's mitgetheilt erhielt.
Wenn wir Hr. B. schon für seine Leistungen an
und für sich unendlichen Dank schuldig sind, so
wird unsere Verehrung für ihn nur noch erhöht,
wenn wir bedenken dass er, ein Diener der Themis,
ein Mitglied des Advokaten-Standes zu London,
seine Erholungs-Stunden der scientia amabilis auf
eine Art weiht, welche deren Fortschreiten so sehr
begünstigt.

Ueber die typographische Ausstattung des Werkes brauchen wir nur ein Paar Worte zu sagen.
Das Ganze trägt in Hinsicht auf Papier und Druck
den Typus der englischen, dem Auge so wohlge-
fälligen Eleganz; mit dem Raume ist, ohne die Benützung zu erschweren, so viel als möglich gespart,
und die Correctheit lässt nichts zu wünschen übrig.

ss.

30) Zara, im Verlag bei B a t t a r a 1832. B o t a n i -
s c h e r W e g w e i s e r i n d e r G e g e n d v o n S p a -
l a t o i n D a l m a t i e n. Ein alphabetisches Verzeichniss der von dem Verfasser in Dalmatien und insbesondere in der Gegend von Spalato gefundenen
wild wachsenden Pflanzen, nebst Angabe ihre Fund-

örter, Blüthezeit, Ausdauer, gebräuchlichsten Syno-
nymen und der Klasse und Ordnung, welche sie im
Linnéischen Sexualsystem einnehmen. Mit einem
Vorbericht. Ein botanisches Taschenbuch in Cou-
-pons-Form. Von Professor Franz Petter in
Spalato, Mitglied der K. Botan. Gesellschaft zu
Regensburg. 144. S. in quer 12.

Wenn uns vorstehender weitläuftiger Titel auch
der Nothwendigkeit überhebt eine weitere Inhaltsanzeige des Buchs selbst beizufügen, so sehen wir
uns doch veranlasst, aus der noch ausführlichern,
lehrreichen Einleitung das Wichtigste zu referiren.

Der Verf., welcher schon durch mehrere Aufsätze in der Flora und durch Ankündigungen vom
Verkaufe dalmatinischer Herbarien als ein eifriger Botaniker und fleissiger Sammler bekannt geworden
ist, entschloss sich zur Herausgabe dieses Werkes
vorzüglich desshalb, um die von ihm in den Umge-
genden seines Wohnortes, Spalato in Dalmatien,
zahlreich aufgefundenen Pflanzen nach Namen und
mehrfachen individuellen Standorten, insbesonders
für dortige reisende Botaniker, bekannt zu machen,
und sich wegen dem Verkauf oder Tausch derselben
mit auswärtigen Botanikern in einen leichten Verkehr zu setzen. Desshalb sind die Blätter nur auf
der vordern Seite bedruckt, damit die hintere zur
Aufnotirung von Bemerkungen oder neu aufgefundenen Pflanzen benützt, oder endlich auch durch
gänzliche Abschneidung die Namen den Herbarien
beigelegt werden können. Damit aber auch auswär-

tige Botaniker welche die von dem Verf. getrockneten
Dalmatiner Pflanzen gegen billige Vergütung zu be-
ziehen geneigt seyn möchten, nicht nöthig haben, weit-
läufige Verzeichnisse einzuschicken, so darf nur die
Nr. angegeben werden, die jeder Art beigefügt ist.

Hiernach geht der Verf. zu einer geschichtlichen
Darstellung der Pflanzenkunde Dalmatiens, die nur
erst seit ein Paar Jahrzehent in Ausübung gebracht
worden, über, wovon der erste Preis dem Dr. Por-
tenschlag gebührt, der das Glück hatte, Ihre
Kaiserl. Majestäten im Jahr 1818 auf einer Reise nach
Dalmatien als Botaniker zu begleiten, und wovon
die Resultate im Druck bekannt geworden. Es folgte
Dr. Visiani, dessen Forchungen ebenfalls theils
in eigenen Schriften, theils in der botan. Zeitung
bekannt gemacht sind, und wahrscheinlicherweise
noch ferner bekannt gemacht werden, da derselbe
seit jenen Zeiten noch weitläufigere Reisen durch
das Land und viele Entdeckungen gemacht hat.

Im Jahr 1828 durchzog Friedr. Mayer aus
Treviso einen grossen Theil des Festlandes und der
Inseln Dalmatiens, wobei er noch die Absicht hatte,
einen kritischen Catolog der aufgefundenen Pflanzen
anzufertigen, wovon er aber durch seinen frühzei-
tigen unglücklichen Todesfall verhindert wurde. Im
folgenden Jahre durchwanderte Dr. Biasoletto
aus Triest die Quarnerischen Inseln, so wie mehrere
Gegenden des festen Landes, und bestieg sogar den
Gipfel des Pflanzenspendenden Biokovo. Grosse
Verdienste um die botanische Erforschung Dalmatiens

erwarb sich der General Freiherr v. Welden, welcher bei seinem dortigen 2 jährigen Aufenthalt nicht nur die Gegenden von Spalato, Ragusa und Cataro, sondern besonders auch die um Zara durchwanderte, und durch sein Beispiel die Liebe zur Botanik auf eine sehr sichtbare-Weise förderte. Prof. Alschinger durchforschte ebenfalls die Gegend um Zara und machte auch mehrere Ausflüge in das nach Kroatien hineinziehende Velebitgebirg, so wie auf die benachbarten Inseln und selbst nach Ragusa und Cattaro. Seine eben erschienene Flora jadrensis liefert sprechende Beweise seiner Thätigkeit. In Ragusa befinden sich gegenwärtig Hr. J. Rubrizius und Hr. F. Neumayr, die, so wie früher Herr J. Tommasini in Spalato, jetzt in Triest die Gegenden ihrer Wohnörter emsig durchforschen. In der Gegend von Spalato war besonders unser Verf. sehr thätig, indem er eine Anzahl von wenigstens 20000 Pflanzenexemplaren sammelte und trocknete. Dadurch wurde er nun in den Stand gesetzt, sowohl sehr viele einzelne Wohnörter der seltensten Pflanzen zu erforschen, als auch von der Kenntniss des Landes und seinen pflanzenreichsten Gegenden genaue Kunde zu erhalten, so dass er den vorliegenden trefflichen Wegweiser entwerfen, und darin Gelegenheit nehmen konnte, in allem, was den dort reisenden fremden Botanikern nur irgend vortheilhaft seyn kann, mit Rath und That an die Hand zu gehen, wobei sogar die Methode des Pflanzen-Einlegens und Trocknens, so wie die Aufbewahrung

derselben gegen Raubinsekten, die in einem Uebertün-
chen mit einer schwachen spirituösen Sublimat-Auf-
lösung besteht, nicht übergangen wurden. Hieraus
mag nun auch unbezweifelt erhellen, dass alle dort-
hin reisenden Botaniker diesen Wegweiser eben so
wenig als diejenigen entbehren können, die sich für
Dalmatinerpflanzen interessiren, und dass sich der
Verf. mit Herausgabe dieses Verzeichnisses und seiner
anderweitigen botanischen Bemühungen grosse Verdienste um die vaterländische Pflanzenkunde erwor-
ben habe. pp.

31) Jaderae, Typographia Battara 1832. Flora
Jadiensis complectens plantas phaenogamas hucusque
in agro jadertino detectas et secundum systema Lin-
naeano-Sprengelianum redactas a Prof. [And. Alschinger. 247 S. in 8.

In der kurzen Vorrede bemerkt der Verf., dass
diese Flora, die er auf vielseitiges Verlangen seiner
Freunde endlich ans Licht gestellt, hauptsächlich für
die Lyceisten und Gymnasiasten in Zara bestimmt
sey, und dass er desshalb den Gattungen, neben dem
systematischen Namen, auch deutsche, italienische,
dalmatisch-illyrische, zuweilen auch griechische, officinelle und andere ältere Benennungen beigefügt,
endlich auch mehrere cultivirte Pflanzen mit aufgenommen habe. So sehr erfreulich diess alles schon
an und für sich anzusehen ist, indem daraus hervorgeht, wie sogar in den entlegensten österreichischen
Staaten die Naturgeschichte in den Unterrichtsanstalten

gewürdigt wird, so ist die Flora selbst als eine dan-
kenswerthe Gabe von allen Botanikern um so mehr
aufzunehmen, als sie eine Anzahl von 1700 Pflan-
zenarten aus einem Landstriche enthält, der bei
dem jetzigen ausgedehnten Bezirke von Deutschlands Flora den äussersten Gränzen derselben zuzu-
zählen ist, und welcher erst seit einigen Jahren in
botanicis gewürdigt worden. Zwar dürfte wohl auch
die Anzahl der aufgeführten Arten alljährlich noch
einen Zuwachs erhalten, indem der Verf. in den
5 Jahren seines Aufenthaltes in Zara zwar fleissig
botanisirt haben mag, jedoch seiner Berufsgeschäfte
halber wohl zu entferntern Excursionen nicht in
allen Jahreszeiten Zeit zu finden vermochte. Wir begründen die Hoffnung dieser Vermehrung insbesondere
auch aus dem Umstande, dass der Verf. noch neuerlichst in Gesellschaft einiger botanischen Freunde,
auf einer entferntern 3tägigen Excursion, nicht weniger als 25 Nachträge zu dieser Flora auffand, die
derselben noch anhangsweise beigefügt sind. Möge
der Verf. dergleichen Excursionen alljährlich fortsetzen
und die Nachträge, die wohl in der Regel zu den
Seltenheiten gehören, etwa in einem naturhistorischen
Journale bekannt machen und auf diese Weise den
Reichthum der österreichischen und selbst der Flora
von Deutschland je eher je besser befördern helfen.
Bei der Classifikation selbst sind die Gattungen
tabellarisch mit ihren Charakteren, systematischen
und Familien-Namen jeder Klasse vorangeschickt,
worauf dann die Arten mit Namen, Diagnosen,

Wohnörtern und Blüthezeiten folgen. Nur sehr selten, und kaum mehr als bei *Ophrys apifera* und *lu-*
tea sind weitläufigere Beschreibungen hinzugefügt,
die um so zweckmässiger erscheinen und auch bei
den übrigen Arten *O. Scolopax, oestrifera, myo-*
des und *arachnites* um so mehr zu wünschen gewesen wären, als diese Arten nur selten in vollständigen Exemplaren habhaft werden können, da sie weder leicht in Gärten zu ziehen, noch gut zu trocknen sind.

Der Inhalt selbst besteht nun grösstentheils aus
denjenigen Arten, die vorzugsweise der südeuropäi-
schen Flora, der ungarischen und italienischen, an-
gehören; norddeutsche Pflanzen kommen kaum et-
liche vor. Auszüge beizufügen sind wir um so weniger im Stande, als der Verf. sich ganz an S p r e n-
g e l's Vorlagen gehalten und in seiner isolirten
Lage und bei wahrscheinlichem Mangel an einer
zahlreichen botanischen Bibliothek weder neue noch
kritische Bemerkungen gemacht hat, noch machen
konnte. Schliesslich wollen wir aber noch die Namen derjenigen Botaniker beifügen, denen der Verf.
seinen öffentlichen Dank als solchen darbringt, die
ihm zur Vervollständigung der Flora behülflich waren, nämlich: N e u m a y r, P e t t e r, P e t r u z z i,
R u b r i z i u s, B i a s o l e t t o, V i s i a n i, prae omnibus autem Gen. L. B. de W e l d e n, „qui scientia-
rum omnium, praeprimis autem Botanices p r o t e c-
t o r e m eximium c u l t o r e m q u e i n s i g n e m se
nullo non tempore praestitit identidemque praestat.''

pp.

32) C. P. Schmidt, neue Methode die phane-
rogamischen Pflanzen zu trocknen, mit
Inbegriff der Farrnkräuter für das Her-
barium, nach welcher dieselben in sehr kurzer
Zeit gut getrocknet und dabei in ihrem natürlichen
Farbenschmucke erhalten werden. Görlitz bei E.
Schmidt. 1831. 48 S. in 8.

Der Verf. geht von dem Grundsatze aus, dass,
wenn auch der Zweck eines guten Herbariums darin
bestehe, die characteristischen Merkmale der Pflanzen aufzufassen, doch der Werth einer Sammlung
sich erhöhe, wenn das ästhetische Ansehen der Pflanze
dabei nicht vermisst werde. In dieser Hinsicht empfiehlt er schon beim Einsammeln sowohl auf vollständige als auch auf schöne Exemplare Rücksicht zu
nehmen, dann das schnelle Trocknen derselben durch
erwärmte Papiere. Hauptsächlich aber, und hierin
scheint die neue Methode des Verf. zu bestehen,
bedient er sich Platten von Gusseisen, die über Koh-
lenfeuer gehörig zu erwärmen und unter denen dann
die einzelnen Pflanzen mit Unter- und Zwischen-
lagen von Brettern und Papieren ein paar Minuten
lang zu legen und zu trocknen sind, wozu nun derselbe die erforderlichen Einrichtungen und die nöthigen Handgriffe umständlich erörtert. Rec. ist der
Meinung, dass alle diese Angaben und Methoden
völlig überflüssig seyen, und die kostbare Zeit un-
nütz dadurch verschwendet werde, zumal wenn man
in Betracht ziehen will, dass es meistens junge Phar-
mazeuten und Aerzte sind, die sich hiemit beschäftigen

müssen, denen die Zeit ohnehin karg zugemessen ist.
Eine gute Presse, mit Zugehör, eine hinlängliche
Menge von erforderlichen Papieren, eine zweckmäs-
sige Gelegenheit sie zu trocknen und zu erwärmen,
Bekanntschaft mit den gehörigen Handgriffen und
Lust und Liebe zum Dinge sind die einzigen erforderlichen Requisite, um leicht und schnell zum Ziele,
zu gelangen. Unter den vom Verf. sonst noch
angegebenen Erfordernissen scheinen uns viele un-
thunlich und unnöthig zu seyn; z. B. das Einlegen
an demselben Tage, an welchem man von der Excursion zurückkommt, die Bedenklichkeit, ja keine
nassen Pflanzen einzulegen, und vor allen Dingen der
Missgriff, beim Umlegen die Pflanzen von den beiden
Bögen, zwischen denen sie befindlich, wegzunehmen
und die dabei etwa verbogenen Theile wieder in Ordnung zu bringen, und zwar diess alles während das erwärmte Papier schon zur Seite liegt. Die Anwendung geölter Papiere ist unnöthig, das Umbiegen
einzelner Blätter unzweckmässig, und das Anheften
der getrockneten Pflanze längst aus der Mode gekommen. Inzwischen ist es besser, dass der Verf.
zu viel als zu wenig vorgetragen, so dass demnach
Jeder, von dem was ihm am zweckmässigsten erscheint, eine Auswahl hat, um nach Belieben die eine
oder andere Methode in Anwendung zu bringen,
wobei denn immer die Uebung der beste Lehrmei-
ster seyn und bleiben wird. pp.

Lightning Source UK Ltd.
Milton Keynes UK
UKHW021258270219
338009UK00007B/1337/P

9 780656 652075